Artemis Saage

# Horta em Canteiros Elevados: Guia Completo de Cultivo de Legumes

## Técnicas práticas de plantio, colheita e manutenção para uma produção abundante durante todo o ano, incluindo métodos de cultivo orgânico e planejamento sazonal

230 Fontes
40 Fotos / Gráficos
11 Ilustrações

## Impressão legal

Saage Media GmbH
c/o SpinLab – The HHL Accelerator
Spinnereistraße 7
04179 Leipzig, Germany
E-Mail: contact@SaageMedia.com
Web: SaageMedia.com
Commercial Register: Local Court Leipzig, HRB 42755 (Handelsregister: Amtsgericht Leipzig, HRB 42755)
Managing Director: Rico Saage (Geschäftsführer)
VAT ID Number: DE369527893 (USt-IdNr.)

Editora: Saage Media GmbH
Publicação: 01.2025
Design da capa: Saage Media GmbH
ISBN Capa mole (pt): 978-3-384-48627-1
ISBN Ebook (pt): 978-3-384-48628-8

**Legal / Avisos**


Os links externos e referências às fontes listados neste livro foram verificados no momento da publicação. O autor não tem influência sobre os designs e conteúdos atuais e futuros das páginas vinculadas. O fornecedor do site vinculado é o único responsável por conteúdos ilegais, incorretos ou incompletos, bem como por danos decorrentes do uso ou não uso das informações, não quem se refere à respectiva publicação através de links. Todas as fontes externas utilizadas estão listadas na bibliografia. Apesar do cuidadoso controle de conteúdo, não assumimos responsabilidade pelo conteúdo de fontes externas. Os operadores das fontes citadas são os únicos responsáveis pelo seu conteúdo. Imagens e fontes de terceiros são marcadas como tal. A reprodução, processamento, distribuição e qualquer tipo de exploração fora dos limites dos direitos autorais requerem o consentimento por escrito do respectivo autor ou criador.
As referências e citações de fontes contidas neste livro foram cuidadosamente pesquisadas e reproduzidas com exatidão. A interpretação e apresentação do conteúdo citado reflecte a opinião do autor e não corresponde necessariamente à intenção ou opinião dos autores originais. No caso de citações análogas, as afirmações centrais das fontes originais foram integradas no contexto desta obra tanto quanto é do nosso conhecimento e convicção, mas podem desviar-se das formulações originais e das nuances de significado devido à transferência e simplificação. Todas as fontes utilizadas estão listadas na íntegra na bibliografia e podem ser lidas no original. A responsabilidade pela interpretação e contextualização do conteúdo citado é do autor deste livro. Para questões científicas e informações pormenorizadas, recomenda-se a consulta das fontes originais. O autor esforçou-se por apresentar questões científicas complexas de uma forma compreensível para todos. Não são de excluir simplificações e generalizações. Não se pode garantir a exatidão técnica e a exaustividade das descrições simplificadas. A reprodução análoga de citações e descobertas científicas é feita, tanto quanto é do nosso conhecimento e convicção, em conformidade com o direito de citação nos termos do § 51 da Lei Alemã de Direitos de Autor (UrhG) e todas as disposições relevantes de direitos de autor de outros países. Ao simplificar, transferir e, se necessário, traduzir conteúdos científicos para uma linguagem geralmente compreensível, podem perder-se nuances de significado e pormenores técnicos. O autor não reivindica os direitos das obras citadas e respeita todos os direitos de autor dos autores originais. Caso seja detectada qualquer utilização não autorizada, o autor solicita ser informado para que possam ser tomadas as medidas adequadas. Para fins académicos e quando utilizada como referência científica, recomenda-se expressamente a consulta das fontes originais. A apresentação simplificada destina-se apenas a informação científica de carácter popular.
Jardinagem em canteiros elevados para iniciantes: O cultivo prático de vegetais em canteiros elevados
Este livro foi criado usando inteligência artificial e outras ferramentas. Entre outras coisas, foram utilizadas ferramentas para pesquisa, escrita/edição e geração de ilustrações decorativas. Apesar das verificações, os erros não podem ser completamente descartados. Gostaríamos de enfatizar que o uso de IA serve como uma ferramenta de suporte para proporcionar aos nossos leitores uma experiência de leitura de alta qualidade e inspiradora.
Este livro foi traduzido do alemão. Desvios do original ou erros de tradução não podem ser completamente descartados. Todas as fontes citadas no livro estão disponíveis em inglês. Não nos responsabilizamos por quaisquer imprecisões ou mal-entendidos de conteúdo que possam surgir através da tradução.

# Índice

**Queridos leitores,**

agradeço de coração por terem escolhido este livro. Com a vossa escolha, não só me deram a vossa confiança, mas também parte do vosso precioso tempo. Agradeço muito.
Jardinagem em canteiros elevados para iniciantes: O cultivo prático de vegetais em canteiros elevados
Desejo-lhe agora uma leitura inspiradora e esclarecedora. Se você tiver sugestões, críticas ou perguntas, agradeço seu feedback. Somente através da troca ativa com você, o leitor, as futuras edições e obras podem se tornar ainda melhores. Mantenha-se curioso!

**Artemis Saage**
Saage Media GmbH

- support@saagemedia.com
- Spinnereistraße 7 - c/o SpinLab – The HHL Accelerator, 04179 Leipzig, Germany

# Introdução

Para proporcionar a melhor experiência de leitura possível, gostaríamos de familiarizá-lo com as principais características deste livro. Os capítulos estão organizados em uma sequência lógica, permitindo que você leia o livro do início ao fim. Ao mesmo tempo, cada capítulo e subcapítulo foi projetado como uma unidade independente, para que você também possa ler seletivamente seções específicas que sejam de particular interesse. Cada capítulo é baseado em pesquisa cuidadosa e inclui referências completas. Todas as fontes estão diretamente vinculadas, permitindo que você se aprofunde no assunto se estiver interessado. As imagens integradas no texto também incluem citações de fonte apropriadas e links. Uma visão geral completa de todas as fontes e créditos de imagens pode ser encontrada no apêndice vinculado. Para transmitir efetivamente as informações mais importantes, cada capítulo conclui com um resumo conciso. Os termos técnicos estão sublinhados no texto e são explicados em um glossário vinculado colocado diretamente abaixo.

Para acesso rápido ao conteúdo online adicional, você pode escanear os códigos QR com seu smartphone.

**Materiais bônus adicionais em nosso site**
Em nosso site, disponibilizamos os seguintes materiais exclusivos:

- Conteúdo bônus e capítulos adicionais
- Um resumo geral compacto
- Um arquivo PDF com todas as referências
- Recomendações adicionais de leitura

O site está atualmente em construção.

SaageBooks.com/pt/cultivo_de_legumes_em_canteiro_elevado-bonus-BAR75UR

# 1. 0. 0. Fundamentos da Jardinagem em Canteiros Elevados

Como utilizar um canteiro elevado de forma ideal? Quais fatores devem ser considerados no planejamento e na construção? Essas questões preocupam muitos jardineiros amadores que se interessam por essa forma de jardinagem que economiza espaço e é gentil com as costas. Os fundamentos da jardinagem em canteiros elevados abrangem muito mais do que apenas a construção correta da estrutura do canteiro. Desde o design ergonômico até a escolha de materiais adequados e a seleção do local ideal - cada aspecto tem um impacto direto no sucesso posterior. A correta estratificação dos materiais de enchimento, bem como sistemas de irrigação e drenagem bem planejados, desempenham um papel central. Este capítulo fornece o conhecimento básico necessário para um início bem-sucedido na jardinagem em canteiros elevados. Apresenta soluções testadas na prática para desafios típicos e oferece recomendações concretas de ação - desde o planejamento inicial até a manutenção contínua. As páginas seguintes oferecem tanto para iniciantes quanto para jardineiros experientes valiosas percepções sobre a arte da jardinagem ergonômica e produtiva em canteiros elevados.

## 1. 1. 0. Vantagens e Tipos de Construção

A decisão por um canteiro elevado abre diversas possibilidades para uma jardinagem bem-sucedida. Mas qual tipo de construção é mais adequado para as necessidades individuais? Como otimizar o espaço disponível? E qual é o papel de fatores como ergonomia, escolha de materiais e localização? As vantagens dos canteiros elevados vão desde o trabalho que protege as costas até a extensão da temporada de cultivo devido ao melhor desenvolvimento térmico. Diferentes tipos de construção e materiais permitem uma adaptação individual às exigências específicas - seja para uma pequena varanda na cidade ou para um amplo jardim residencial. As seções a seguir oferecem uma visão detalhada dos aspectos mais importantes do planejamento de canteiros elevados e ajudam na escolha do sistema adequado.

> *„Os canteiros elevados devem idealmente ter uma altura de 60-75 cm e uma largura de cerca de 120 cm, para permitir um trabalho confortável sem necessidade de se esticar ou se curvar excessivamente.“*

## 1. 1. 1. Jardinagem ergonômica sem dores nas costas

A jardinagem ergonômica é a chave para um prazer no jardim sem dores e sustentável. A abordagem correta começa antes do trabalho de jardinagem propriamente dito, com um programa de aquecimento direcionado. Exercícios leves de alongamento para as costas, braços e pernas preparam o corpo de forma ideal para as atividades que se aproximam [s1]. A disposição do local de trabalho desempenha um papel central. As camas elevadas devem idealmente ter uma altura de 60-75 cm e uma largura de cerca de 120 cm. Essas medidas permitem um trabalho confortável sem esticar ou se curvar excessivamente [s2]. Na escolha do material, a madeira de cedro se destaca, pois não é apenas durável, mas também oferece proteção natural contra a decomposição e pragas. É especialmente importante o uso de ferramentas ergonômicas. Estas se caracterizam por cabos acolchoados e antiderrapantes, que minimizam a pressão sobre as mãos e pulsos [s3]. Um exemplo prático é a utilização de ferramentas de jardinagem com cabos telescópicos: estas podem ser ajustadas individualmente à altura do corpo, permitindo uma postura de trabalho ereta. Ao comprar, deve-se prestar atenção para que as ferramentas sejam leves e se ajustem bem à mão. A técnica de trabalho correta é decisiva para uma jardinagem que respeite as costas. Em vez de se curvar, os trabalhos de jardinagem devem ser realizados, sempre que possível, de joelhos ou agachado [s1]. Para isso, são adequados bancos de jardim ou almofadas para os joelhos, que oferecem conforto adicional e aliviam as articulações [s3]. Ao plantar, é recomendável usar um banco de rolo baixo, que pode ser facilmente movido de canteiro para canteiro. Cargas pesadas, como sacos de terra ou recipientes de água, nunca devem ser levantadas com as costas. Em vez disso, a regra é: agachar, manter as costas retas e desenvolver a força a partir das pernas [s1]. Uma dica prática é usar um carrinho de jardinagem ou uma carroça para transportar cargas pesadas. Dividir quantidades maiores em porções menores também ajuda a proteger as costas. Pausas regulares são indispensáveis [s4]. Como regra geral, após 30 minutos de trabalho intenso no jardim, deve-se fazer uma pausa curta. Esse tempo pode ser utilizado para alongar o corpo ou relaxar um pouco. Uma dica comprovada é a troca regular entre diferentes atividades [s1]. Por exemplo, quem passa de desherbação para rega utiliza diferentes grupos musculares e evita sobrecargas unilaterais. Os jardins em contêineres oferecem uma alternativa flexível para pessoas com mobilidade reduzida ou pouco espaço. Eles podem ser colocados em uma altura de trabalho ideal em varandas, terraços ou ambientes internos [s2]. Vasos de plantas móveis com rodas também permitem uma adaptação flexível a diferentes condições de luz ou clima. A prevenção de dores nas costas também é favorecida por um treinamento de core regular [s1]. Exercícios simples como pranchas ou alongamentos das costas podem ser facilmente integrados ao dia a dia e fortalecem a musculatura do tronco. Isso melhora a postura e torna as costas mais resistentes às exigências do trabalho no jardim. Um aspecto muitas vezes subestimado é a percepção ativa dos sinais do corpo [s4]. Se surgirem dores durante o trabalho no jardim, a atividade deve ser interrompida ou ajustada. O uso de sistemas de jardinagem verticais pode ser uma alternativa para reduzir a carga nas costas [s1]. Estes permitem a jardinagem em pé e são especialmente econômicos em termos de espaço.

*Ferramentas de jardim* [i1]

*sistema de jardim vertical* [i2]

Glossário

**Treinamento de Core**

Treinamento de força específico para a musculatura profunda do tronco, que pode ser realizado com exercícios clássicos, além de fitas de resistência ou bolas de ginástica

## 1. 1. 2. Comparação de Materiais: Madeira, Metal e Plástico

Na escolha do material adequado para um canteiro elevado, diversos fatores desempenham um papel importante. Cada material possui suas vantagens e desvantagens específicas, que variam conforme as necessidades individuais e as condições locais. A madeira é o clássico entre os materiais para canteiros elevados e se destaca pela sua aparência natural e boa trabalhabilidade. Especialmente madeiras duras como carvalho, robínia ou larício apresentam alta resistência às intempéries. Ao trabalhar com madeira, deve-se garantir que as tábuas tenham pelo menos 2,5 cm de espessura para assegurar a estabilidade adequada. Uma dica prática: use uma folha de raiz ou uma lona de lago entre o solo e a madeira como barreira de umidade, isso prolonga significativamente a vida útil. Canteiros elevados de metal oferecem algumas vantagens notáveis [s5]. Eles são extremamente duráveis e, com o revestimento adequado, resistentes à corrosão. O aço galvanizado ou aço Corten têm se mostrado eficazes. Ao instalar, deve-se considerar que o metal conduz bem o calor. No auge do verão, isso pode levar a um superaquecimento excessivo da área das raízes. Uma solução prática é instalar um isolamento nas paredes internas ou plantar nas paredes externas plantas trepadeiras como proteção natural contra o sol. Canteiros elevados de plástico estão se tornando cada vez mais populares, principalmente devido ao seu baixo peso e resistência às intempéries [s5]. Eles são especialmente adequados para varandas e terraços, onde o peso é um fator importante. Existem canteiros elevados de plástico modernos em várias versões, desde modelos simples até plásticos reciclados de alta qualidade. Ao escolher, deve-se prestar atenção à resistência UV para evitar a fragilização prematura. Uma abordagem inovadora são os sistemas modulares [s6], que são especialmente adequados para jardineiros experimentais. Estes podem ser expandidos ou reduzidos conforme a necessidade e estão disponíveis em todas as três variantes de material. Para iniciantes, recomenda-se um kit inicial com uma área de base de cerca de 120 x 80 cm, que pode ser expandido posteriormente. Na escolha do material, também devem ser considerados aspectos práticos como transporte e montagem. Enquanto os elementos de plástico geralmente podem ser movidos facilmente por uma pessoa, construções de metal e madeira maciça frequentemente requerem vários ajudantes. Uma dica inteligente: quem estiver inseguro pode começar com um canteiro elevado móvel de plástico menor e depois mudar para um sistema maior e fixo. A intensidade de manutenção também varia conforme o material. A madeira deve ser tratada regularmente, idealmente a cada dois anos com um produto biológico de proteção da madeira. Canteiros elevados de metal e plástico são mais fáceis de cuidar, mas requerem verificações ocasionais para danos ou conexões soltas. Para jardineiros urbanos com espaço limitado, sistemas empilháveis são uma boa opção [s6]. Estes podem ser ajustados conforme o espaço disponível e a necessidade. Sistemas de plástico e metal leve são particularmente adequados para isso. Um conselho prático: comece com um nível e expanda o sistema para cima quando precisar de mais área de cultivo. A eficiência de custos também desempenha um papel importante. Enquanto canteiros elevados de plástico costumam ser a opção mais barata, construções de metal frequentemente estão na faixa superior da escala de preços [s5]. A madeira está na faixa de preço média, com custos que podem variar bastante dependendo do tipo de madeira. Uma estratégia de investimento inteligente é relacionar os custos de aquisição à vida útil esperada.

## Glossário

**Aço Corten**

Um aço especial de construção que forma uma camada protetora de ferrugem na superfície, tornando-se durável por décadas sem tratamento adicional. A pátina avermelhada é um efeito desejado.

**Sistemas Modulares**

Princípio de construção em canteiros elevados, onde elementos padronizados podem ser montados de forma flexível e expandidos a qualquer momento. Permite adaptações individuais sem a necessidade de uma nova construção completa.

### 1. 1. 3. Escolha do local e orientação

A escolha do local e a orientação de uma horta elevada são fundamentais para o sucesso do cultivo. A incidência de luz solar desempenha um papel crucial - a maioria das plantas hortícolas necessita de 8 a 12 horas de luz solar direta diariamente para um crescimento ideal [s7]. Portanto, escolha um local o mais aberto possível, sem sombreamento de árvores ou edifícios [s8]. A orientação ideal é com o lado longo voltado para o sul, permitindo que as plantas recebam a máxima incidência de luz solar [s9]. Ao plantar, espécies mais altas, como tomates ou feijões-de-corda, devem ser colocadas no lado norte para evitar sombreamento de plantas menores. Uma dica prática: marque as sombras de edifícios e árvores em diferentes horários do dia para encontrar o local ideal. A topografia do terreno também desempenha um papel importante. Encostas voltadas para o norte são desfavoráveis, pois tendem a ser mais sombreadas [s9]. Superfícies planas são ideais, pois garantem uma distribuição uniforme de água e luz [s10]. Ao escolher o local, evite também os chamados buracos de geada - estes costumam se formar em depressões do terreno, onde o ar frio se acumula [s11]. A proteção contra o vento é outro aspecto importante. Um local muito exposto pode levar a uma evaporação aumentada e danos às plantas. Se não houver proteção natural contra o vento, cercas ou arbustos podem servir como barreiras [s10]. Uma abordagem inteligente é criar proteção contra o vento com plantas companheiras de crescimento rápido, como girassóis ou milho. A disponibilidade de água também deve ser considerada ao escolher o local. Coloque a horta elevada o mais próximo possível de uma fonte de água [s7]. Uma dica prática: instale um sistema de irrigação automática com temporizador - especialmente útil em ausências prolongadas. A irrigação por gotejamento tem se mostrado particularmente eficiente, mas requer manutenção regular para evitar entupimentos [s11]. Quanto à qualidade do solo: a horta elevada deve ter contato direto com o solo e não estar em superfícies impermeáveis, como concreto [s9]. Isso permite que as plantas acessem camadas mais profundas do solo e promove uma drenagem natural. A qualidade do solo pode ser melhorada com a adição de material orgânico, como lascas de madeira ou palha [s9]. Em regiões com climas variados, adaptações específicas podem ser úteis. Em áreas mais frias, é aconselhável posicionar a horta em uma parede ensolarada voltada para o sul, que armazena calor adicional [s8]. Em regiões mais quentes, pode ser necessário criar sombra temporária com redes de sombreamento, especialmente para culturas sensíveis ao calor, como alfaces. O planejamento espacial também deve considerar futuras expansões [s12]. Uma abordagem prática é começar com uma única horta elevada e planejar espaço para mais canteiros. As dimensões padrão de 1,2 a 1,5 metros de largura permitem um manejo confortável de todos os lados [s12]. Preste atenção também à circulação de ar - um local aberto favorece a troca de ar e reduz o risco de doenças fúngicas [s8]. Evite posicionar diretamente sob galhos pendentes, pois estes não apenas criam sombra, mas também podem obstruir a circulação de ar. A integração de plantas companheiras pode otimizar o espaço disponível e aumentar os rendimentos [s13]. Por exemplo, ervas de baixo crescimento podem ser cultivadas como cobertura do solo entre plantas hortícolas mais altas. Isso não apenas protege o solo da desidratação, mas também cria microclimas favoráveis.

## Glossário

**exposto**
: Uma posição ou localização particularmente desprotegida, exposta fortemente às influências ambientais

**Microclima**
: Particularidades climáticas em pequena escala que diferem das condições meteorológicas gerais da região

**Topografia**
: A configuração tridimensional da superfície terrestre com suas diferenças de altura, inclinações e formas de terreno

## 1. 1. 4. Integração de estufas e prateleiras

A integração de estufas e sistemas de prateleiras oferece diversas possibilidades para uma utilização eficiente do espaço e condições ideais de crescimento. Especialmente em jardins menores ou em áreas limitadas, a combinação inteligente de ambos os elementos pode aumentar significativamente as áreas de cultivo [s14]. Na planificação de um sistema integrado, a disponibilidade de luz desempenha um papel central. Sistemas de cultivo verticais devem ser dispostos de forma que as plantas nos níveis inferiores recebam luz suficiente. Uma abordagem prática é a instalação de prateleiras em diferentes alturas, onde plantas tolerantes à sombra, como alfaces ou ervas, são colocadas nos níveis inferiores e culturas que necessitam de mais luz, como tomates ou pimentões, nos níveis superiores [s14]. Para minimizar a sombra, recomenda-se o uso de materiais que dispersem a luz ou refletores especiais que distribuam a luz disponível de forma ideal. Estufas Lean-to, que são anexadas a uma parede existente, são especialmente adequadas para a integração de sistemas de prateleiras [s15]. Sua construção estável permite a fixação segura de prateleiras, enquanto o telhado inclinado proporciona condições ideais de luz. Na instalação, deve-se garantir que as prateleiras não obstruam a circulação de ar. Uma dica prática é o uso de sistemas de prateleiras modulares, que podem ser adaptados de forma flexível a diferentes necessidades. O controle climático ganha importância adicional em sistemas de cultivo em camadas. Estufas mais altas, com maior volume de ar, podem compensar melhor as flutuações de temperatura e umidade [s14]. Para um controle climático eficaz, recomenda-se a instalação de sistemas de ventilação automáticos e ventiladores, que garantem uma circulação de ar uniforme entre os níveis das prateleiras. Um sistema de irrigação bem pensado é essencial. A instalação de irrigação por gotejamento em diferentes níveis permite um fornecimento direcionado e econômico de água para as plantas. O sistema deve ser projetado de forma que a água em excesso dos níveis superiores não goteje sobre as plantas abaixo. Uma abordagem prática é a instalação de bandejas de coleta ou o uso de sistemas de irrigação fechados. A eficiência do espaço pode ser ainda mais aumentada pela integração de áreas especializadas. Assim, certas áreas de prateleiras podem ser reservadas para o cultivo de mudas, enquanto outras áreas servem para o cultivo de plantas maduras [s14].

Essa divisão permite uma produção contínua e uma utilização ideal da área disponível. Para uma integração bem-sucedida, uma construção base sólida é essencial [s15]. As fundações devem suportar o peso adicional dos sistemas de prateleiras, incluindo plantas, substrato e irrigação. Na montagem, deve-se prestar atenção a materiais resistentes à corrosão e fixações seguras. Uma dica prática é o uso de sistemas de prateleiras ajustáveis em altura, que permitem uma adaptação flexível a diferentes alturas de plantas. A manutenção e o cuidado das plantas devem ser considerados na planificação. Todas as áreas devem ser de fácil acesso, sem danificar outras plantas. Plataformas de trabalho móveis ou escadas integradas podem facilitar o cuidado das plantas em níveis mais altos. Controles regulares das fixações e sistemas de irrigação são importantes para um funcionamento seguro e eficiente.

*Irrigação por gotejamento* [i3]

## Glossário

**Estufa Lean-to**
: Uma forma de estufa que economiza espaço, caracterizada por seu apoio unilateral a uma parede ou muro existente. O nome vem do inglês e significa literalmente 'encostado'.

## 1. 1. 5. Proteção contra intempéries e coberturas

Uma proteção eficaz contra intempéries é essencial para o sucesso das hortas elevadas e pode ser realizada através de diversos sistemas de cobertura. A combinação correta de medidas de proteção permite o uso durante todo o ano e uma proteção ideal das plantas [s16]. Coberturas leves de poliéster oferecem diversas vantagens: permitem a passagem de luz solar e chuva, protegem contra geadas e mantêm insetos indesejados e outros animais afastados. Um efeito positivo adicional é o aumento da umidade do ar sob a cobertura, o que é especialmente benéfico em períodos de seca [s16]. Na instalação, deve-se garantir que a cobertura não toque diretamente nas plantas - uma estrutura de suporte feita de varas de metal ou plástico flexível cria a distância necessária. A construção estreita das hortas elevadas facilita significativamente a instalação de estruturas de suporte [s17]. Estas podem ser combinadas de forma flexível com diferentes materiais de cobertura. No inverno, coberturas de tecido protegem contra geadas, enquanto redes permeáveis ao ar no verão protegem contra a intensa radiação solar. Uma dica prática: utilize dispositivos de fixação ou clipes especiais para garantir que as coberturas permaneçam seguras mesmo com vento. Para proteção contra pragas subterrâneas, a instalação de grades de metal tem se mostrado eficaz [s16]. Estas são incorporadas ao solo já na construção da horta elevada e impedem efetivamente a entrada de ratos-toupeira e outros animais escavadores. A malha deve ter no máximo 1 cm de largura para impedir o acesso de roedores menores. A combinação de diferentes medidas de proteção é especialmente eficaz [s16]. Um exemplo: grades de metal no solo mais uma cobertura de tecido em cima oferecem proteção abrangente contra pragas, ao mesmo tempo que regulam o clima. Para a irrigação, recomenda-se a instalação de um sistema de gotejamento sob a cobertura, que fornece água diretamente às raízes sem molhar as folhas. Telas de sombra desempenham um papel importante na proteção contra a intensa radiação solar [s18]. Estas devem ser utilizadas especialmente durante as horas do meio-dia, quando a radiação solar é mais forte. Uma abordagem inteligente é a instalação de telas de sombra retráteis, que podem ser estendidas conforme necessário. A integração de culturas de cobertura de verão oferece proteção adicional e melhora simultaneamente a qualidade do solo [s18]. Espécies de crescimento rápido, como Phacelia ou trigo sarraceno, formam rapidamente uma camada protetora de plantas e podem ser incorporadas ao solo após a floração. Isso não apenas reduz a erosão, mas também aumenta o teor de húmus do solo. Para uma regulação climática ideal, recomenda-se um sistema de várias camadas de cobertura, que podem ser combinadas conforme as condições climáticas [s17]. Uma camada externa à prova d'água protege contra chuvas fortes, enquanto as mantas subjacentes proporcionam isolamento térmico. É importante que haja a possibilidade de rápida adaptação - por exemplo, através de elementos retráteis ou removíveis. A escolha da cobertura correta também depende das culturas cultivadas. Enquanto alfaces sensíveis ao calor se beneficiam de uma sombra leve permanente, tomates ou pimentões necessitam de máxima radiação solar e apenas proteção temporária em caso de calor extremo. Um sistema bem pensado permite a adaptação individual de áreas específicas da horta a essas diferentes exigências.

## Glossário

**Phacelia**

Também conhecida como amiga das abelhas, é uma planta de rápido crescimento com flores violetas, que serve como adubo verde e pastagem para abelhas. As raízes soltam o solo até camadas profundas.

**Resumo - 1. 1. Vantagens e Tipos de Construção**

- Os canteiros elevados devem ter uma altura de 60-75 cm e largura de 120 cm para um trabalho ergonômico.
- A madeira de cedro oferece proteção natural contra a decomposição e pragas.
- Os cabos telescópicos em ferramentas de jardinagem permitem um ajuste de altura individual.
- O aço Corten e o aço galvanizado mostraram-se materiais duráveis para canteiros elevados de metal.
- Sistemas modulares são ideais para iniciantes, com uma área base de 120x80 cm.
- A orientação ideal é com o lado longo voltado para o sul, para máxima incidência solar.
- Buracos de congelamento em depressões do terreno devem ser evitados na escolha do local.
- Estufas de encosta são especialmente adequadas para a integração de sistemas de prateleiras.
- Estufas mais altas com maior volume de ar compensam melhor as variações de temperatura.
- Coberturas de poliéster aumentam a umidade do ar sob a cobertura.
- Grades de metal com malha máxima de 1 cm protegem efetivamente contra ratos-toupeira.
- Fazendas de phacelia e trigo sarraceno são adequadas como culturas de cobertura de verão de crescimento rápido para proteção do solo.

## 1. 2. 0. Montagem e Preenchimento

A construção e o preenchimento de um canteiro elevado levantam questões fundamentais para muitos jardineiros amadores: Quais materiais são adequados para as diferentes camadas? Como garantir um drenagem ideal? E como assegurar a nutrição das plantas a longo prazo? A abordagem correta na construção das camadas e na escolha dos materiais de preenchimento é decisiva para o sucesso futuro do canteiro elevado. Não apenas os componentes individuais desempenham um papel importante, mas também a combinação cuidadosa deles em um sistema funcional. Uma estrutura bem pensada cria a base para um crescimento saudável das plantas e colheitas abundantes ao longo de muitos anos.

> *„A camada inferior consiste em uma cobertura completa com papelão ou várias camadas de papel de jornal.“*

## 1. 2. 1. Estrutura em camadas do canteiro elevado

A correta estrutura em camadas do canteiro elevado é fundamental para o sucesso do jardim posterior. As diferentes camadas desempenham funções distintas e, juntas, criam condições ideais de crescimento para as plantas [s19]. Comece o preenchimento removendo inicialmente a grama existente na área do canteiro elevado. Isso evita que plantas indesejadas cresçam de baixo para cima no canteiro [s19]. A camada mais baixa consiste em uma cobertura completa com papelão ou várias camadas de jornal [s20]. Acima disso, recomenda-se uma camada de geotêxtil ou manta de ervas daninhas como uma barreira adicional contra ervas daninhas [s21]. Uma dica prática: certifique-se de que os pedaços de papelão se sobreponham generosamente, para que não haja lacunas. Sobre essa base, seguindo o princípio da Hugelkultur, deve-se colocar uma camada de grandes pedaços de madeira em decomposição [s22]. Esta camada deve representar cerca de um terço da altura total do canteiro elevado. Prefira usar madeira já exposta às intempéries, pois a madeira fresca, ao se decompor, inicialmente retira nitrogênio do solo. Nos espaços entre as madeiras, adicione serragem compostada para minimizar vazios [s19]. O próximo nível consiste em galhos e ramos menores [s19]. Esta camada contribui para a drenagem e cria um equilíbrio entre a retenção de umidade e a aeração. Uma observação prática: compacte levemente esta camada para evitar um afundamento excessivo mais tarde. Acima, deve-se colocar uma camada rica em nitrogênio, idealmente feita de tocos de grama virados ou aparas de grama [s21] [s19]. Esses materiais promovem a atividade microbiológica e compensam o consumo de nitrogênio das camadas de madeira. Para resultados ótimos, não aplique a grama em demasia, pois isso pode levar à compactação e à putrefação. Outra componente importante é uma camada de feno ou palha [s21] [s22]. Esta camada solta melhora a aeração e retém a umidade. Para otimizar a nutrição, pode-se adicionar uma camada de adubo orgânico ou estrume de cavalo bem decomposto [s21]. As camadas superiores consistem em uma mistura de solo superior e composto na proporção de 1:1 [s23]. Esta combinação oferece às plantas condições ideais de partida. Calcule previamente o volume necessário multiplicando o comprimento, a largura e a altura do canteiro elevado [s23]. A camada de plantio superior deve ter pelo menos 20 cm de espessura [s24]. Para o acabamento final da superfície, recomenda-se o seguinte procedimento: alise a camada superior com um rastelo, deixando cerca de 5 cm de espaço até a borda superior do canteiro elevado. Isso evita que a terra seja arrastada para fora do canteiro durante chuvas fortes [s23]. Como medida final, uma camada de cobertura de material orgânico é sensata, pois protege o solo e retém a umidade [s19]. A estrutura em camadas descrita cria um mini-ecossistema autorregulador [s24]. Através da decomposição contínua dos materiais orgânicos, nutrientes são liberados constantemente, o que minimiza o esforço de manutenção e melhora a qualidade do solo a longo prazo. As diferentes camadas também promovem a biodiversidade no canteiro e apoiam uma vida saudável do solo [s24].

### Glossário

**Geotêxtil**
Um tecido sintético permeável à água feito de polipropileno ou poliéster, utilizado na paisagística. Ele impede a mistura de diferentes camadas de solo, mas permite a passagem de água e nutrientes.

**Hugelkultur**
Um método tradicional de jardinagem da Áustria, onde uma colina artificial de madeira em decomposição e outros materiais orgânicos é empilhada. Esta técnica foi originalmente popularizada por Sepp Holzer.

## 1. 2. 2. Materiais de preenchimento adequados

A escolha dos materiais de preenchimento adequados é crucial para o sucesso a longo prazo de um canteiro elevado. É especialmente importante a composição equilibrada dos diferentes componentes. Uma mistura básica comprovada consiste em partes iguais de solo superior, composto e areia [s25]. Esta combinação reúne as principais características para um crescimento ideal das plantas. O solo superior forma a base da terra de plantio e fornece nutrientes importantes. No entanto, não deve ser utilizado puro, pois pode se compactar excessivamente com o tempo. Uma dica prática para a obtenção: utilize o solo superior do seu próprio jardim, desde que esteja livre de poluentes e patógenos. Certifique-se de usar apenas os 20-25 cm superiores do solo, pois aqui estão concentrados os nutrientes mais valiosos. A proporção de composto melhora a estrutura do solo de forma sustentável e promove a vida do solo. Idealmente, utilize composto bem decomposto, que tenha pelo menos um ano. Um teste simples para verificar a qualidade: o composto deve ser esfarelado e ter um cheiro de terra agradável. Evite composto fresco ou semi-decomposto, pois este pode retirar nutrientes das plantas. A areia desempenha um papel importante na drenagem e aeração do substrato [s25]. Prefira areia de quartzo lavada e de grãos angulosos com uma granulometria de 0-2 mm. Isso evita o encharcamento e garante uma oxigenação ideal das raízes. Uma dica prática sobre a quantidade de areia: em solos pesados e argilosos, você pode aumentar ligeiramente a proporção de areia, enquanto em solos arenosos, deve-se reduzir. Para a mistura ideal dos componentes, recomenda-se o seguinte procedimento: estenda uma lona e empilhe os componentes individualmente. Misture primeiro o solo superior e a areia de forma completa, antes de adicionar o composto. Isso evita a formação de grumos e garante uma distribuição uniforme de todos os componentes.

A qualidade dos materiais de preenchimento tem influência direta no crescimento das plantas. Portanto, preste atenção especial a:

- Ausência de poluentes em todos os componentes
- Distribuição equilibrada do tamanho das partículas
- Boa capacidade de retenção de água, ao mesmo tempo em que permite a drenagem
- Fornecimento adequado de nutrientes
- Estrutura estável que não se compacta rapidamente

Uma dica prática comprovada é a aplicação em camadas da mistura do substrato. Aplique cerca de 10 cm de cada vez e umedeça levemente a camada antes de adicionar a próxima. Isso promove a compactação uniforme do material e evita afundamentos posteriores. Para culturas específicas, a mistura básica pode ser ajustada. Plantas que exigem muitos nutrientes, como tomates ou abóboras, se beneficiam de uma maior proporção de composto, enquanto ervas podem se adaptar bem a uma maior proporção de areia. Lembre-se: quanto mais rico em nutrientes o substrato, mais importante é uma boa aeração. A mistura de substrato correta é um investimento no futuro do seu canteiro elevado. Ela forma a base para um crescimento saudável das plantas e uma colheita abundante. Com cuidados regulares e adição anual de composto, a qualidade do solo se mantém a longo prazo.

## 1. 2. 3. Drenagem e ventilação

Uma drenagem e ventilação eficazes são fatores centrais para o sucesso de um canteiro elevado. Um sistema de drenagem bem planejado evita o acúmulo de água e cria condições ideais de crescimento para as plantas [s26]. Ao mesmo tempo, protege a estrutura de madeira da umidade excessiva, prolongando assim significativamente a vida útil do canteiro elevado [s27]. Comece a pensar na drenagem já na escolha do local e na construção. O canteiro elevado deve estar ligeiramente elevado em relação ao nível do solo, idealmente sobre uma base estável de pedras de pavimentação ou lajes de calçada [s27]. Isso permite um escoamento controlado da água e evita que a umidade de baixo penetre na estrutura de madeira. Uma dica prática: coloque as pedras de fundação com uma leve inclinação de cerca de 2%, para que a água possa escoar de forma direcionada. A própria estrutura de madeira deve ser projetada com pequenas fendas entre as tábuas. Essas lacunas, idealmente de 0,5-1 cm de largura, promovem a circulação de ar e evitam o acúmulo de umidade [s27]. Certifique-se de que essas fendas não sejam muito grandes, pois isso poderia permitir que a terra fosse lavada. Uma dica prática é instalar uma tela de arame de malha fina na parte interna das tábuas, que retém a terra, mas permite a passagem da água. Para a drenagem interna, uma camada base de material grosso é essencial. Granito triturado tem se mostrado especialmente eficaz, pois é durável e possui ótimas propriedades de drenagem [s26]. Alternativamente, você pode usar cascalho grosso lavado. Essa camada deve ter cerca de 10-15 cm de espessura e ser distribuída uniformemente. Uma dica prática: não compacte essa camada excessivamente, pois isso prejudicaria a eficácia da drenagem. A importância da matéria orgânica para a drenagem é frequentemente subestimada. Solos com alto teor de material orgânico permitem uma melhor condução da água [s28]. Portanto, incorpore generosamente composto nas camadas superiores do solo. Uma proporção de mistura comprovada é 30% de composto para 70% de terra de jardim. Essa mistura cria uma estrutura de solo ideal com condução equilibrada de água e ar. Ao plantar, preste atenção a distâncias adequadas entre as plantas. Plantas muito próximas dificultam a circulação de ar e podem levar a um microclima úmido [s27]. Como regra geral, a distância de plantio deve ser aproximadamente uma vez e meia o diâmetro esperado da planta. Marque as posições de plantio com pequenos gravetos para garantir distâncias ideais. Para locais com condições de drenagem particularmente difíceis, recomenda-se a instalação de um sistema de drenagem adicional. Isso pode consistir, por exemplo, em um tubo de drenagem levemente inclinado que direciona o excesso de água para um poço de infiltração ou um tanque de água da chuva [s28]. Ao instalar, certifique-se de que a inclinação seja de pelo menos 2% e que o tubo esteja envolto em tela filtrante para evitar obstruções.

A manutenção regular é essencial para a funcionalidade duradoura da drenagem. Realize uma inspeção completa pelo menos duas vezes por ano [s27]. Verifique:

- A permeabilidade da camada de drenagem
- O estado da estrutura de madeira em relação à podridão
- A funcionalidade de eventuais sistemas de escoamento
- A estrutura do solo em relação a compactações

Um aspecto frequentemente negligenciado é o design da superfície. Uma superfície levemente convexa promove o escoamento da água e evita o acúmulo. Modele a camada superior do solo de forma que no centro ela seja cerca de 5 cm mais alta do que nas bordas. Isso permite um escoamento controlado da água sem erosão.

## Glossário

**Drenagem**
Um sistema para a condução controlada de água no solo, que remove o excesso de água da área das raízes das plantas através de várias camadas e medidas técnicas

**Microclima**
As condições climáticas em uma área espacialmente restrita, que podem diferir do ambiente - por exemplo, as condições de ar e solo dentro de um canteiro elevado

**Tela filtrante**
Um tecido sintético permeável à água, que retém partículas de sujeira enquanto permite a passagem da água

## 1. 2. 4. Melhoria do solo e nutrientes

A qualidade do solo é decisiva para o sucesso na horta elevada. Um solo saudável caracteriza-se por uma composição equilibrada de componentes minerais e orgânicos, sendo que a estrutura ideal compreende cerca de 50% de espaço poroso, 45% de substâncias minerais e 5% de material orgânico [s29]. Essa composição cria condições ótimas para o crescimento das plantas e a vida do solo. Para uma melhoria sustentável do solo, a adição regular de material orgânico é essencial. O composto desempenha um papel fundamental - ele não apenas melhora a estrutura do solo, mas também aumenta a capacidade de retenção de água e a disponibilidade de nutrientes [s30]. Uma dica prática: aplique anualmente uma camada de 4-6 cm de composto de alta qualidade e incorpore-o cuidadosamente nos 12-15 cm superiores do solo. Isso promove a distribuição uniforme de nutrientes e solta o substrato de forma sustentável. A saúde do solo é amplamente determinada por microrganismos ativos [s31]. Para promovê-los, você deve combinar diferentes materiais orgânicos. Estrume bem decomposto é especialmente valioso, mas certifique-se de que não contenha lascas de madeira frescas, que podem prejudicar a germinação [s32]. Um método comprovado é a incorporação em camadas de diferentes materiais orgânicos: 1. Primeiro, uma camada de composto maduro 2. Em seguida, estrume bem decomposto 3. Por fim, uma camada de cobertura de palha ou aparas de grama O pH do solo influencia significativamente a disponibilidade de nutrientes [s31]. Antes de realizar grandes melhorias no solo, faça uma análise do solo para avaliar o estado atual [s33]. Isso permite uma otimização direcionada das propriedades do solo. Para uma melhoria a longo prazo do solo, o uso de adubação verde tem se mostrado eficaz [s34]. Por exemplo, semeie centeio ou ervilhas na primavera como culturas de cobertura. Essas plantas soltam o solo com suas raízes, previnem a erosão e enriquecem o solo com substância orgânica. Uma dica prática: incorpore a adubação verde na primavera cerca de duas semanas antes do plantio planejado. Biochar (carvão vegetal) pode melhorar significativamente a qualidade do solo, especialmente em solos arenosos ou argilosos [s35]. Ele aumenta a capacidade de armazenamento de água e cria habitat para microrganismos benéficos.

Misture o biochar em uma proporção de cerca de 5-10% ao substrato.

A oferta de nutrientes deve ser equilibrada para evitar deficiências ou excessos [s29]. Um conceito comprovado é a combinação de:
- Fornecimento básico por meio de composto
- Adubação orgânica complementar conforme necessário
- Camada de cobertura para fornecimento contínuo de nutrientes

Evite o cultivo do solo em condições de extrema umidade ou secura [s29]. O momento certo é quando o solo se sente esfarelado e se desintegra facilmente. Um teste prático: pegue um punhado de terra e forme uma bola. Se ela se desintegrar com leve pressão, as condições são ideais para o cultivo do solo. A camada de cobertura desempenha um papel importante na melhoria do solo [s35]. Ela protege contra a erosão, reduz a evaporação e fornece continuamente material orgânico. Use diferentes materiais orgânicos, como palha, aparas de grama ou restos de plantas trituradas, em uma espessura de camada de 5-7 cm.

*Biocarvão* [i4]

## Glossário

**Biochar**

Um produto de carbono produzido por pirólise (aquecimento na ausência de oxigênio) a partir de restos de plantas, utilizado para a melhoria permanente do solo

**pH**

Uma medida entre 0 e 14 que indica quão ácido ou básico é uma solução, sendo que 7 significa neutro

### 1. 2. 5. Reabastecimento e renovação

Um canteiro elevado perde ao longo do tempo volume e fertilidade devido a processos naturais de decomposição e à extração de nutrientes pelas plantas [s36]. O reabastecimento e a renovação regulares são, portanto, essenciais para o sucesso a longo prazo da jardinagem em canteiros elevados. Após uma temporada produtiva de jardinagem, você deve primeiro realizar uma avaliação minuciosa do estado do solo. Preste atenção especial à cor, textura, odor e comportamento de drenagem [s36]. Um solo saudável tem um cheiro agradável de terra, é de cor escura e apresenta uma estrutura granular. Uma dica prática: cave um pequeno buraco e verifique quão rapidamente ele se esvazia após uma tentativa de rega com água. Se a água permanecer por mais de 24 horas, isso indica compactação. A renovação deve idealmente começar após a colheita das plantas de verão. Para cada canteiro elevado, são necessários cerca de dois sacos de melhoradores de solo de alta qualidade [s37]. Incorpore esses materiais cuidadosamente nos 15-20 cm superiores do solo existente. Um método comprovado é a introdução em camadas de diferentes materiais orgânicos: O composto caseiro tem se mostrado especialmente eficaz como base para a melhoria do solo [s36]. Ele não apenas fornece nutrientes, mas também melhora a estrutura do solo de forma sustentável. Aplique uma camada de cerca de 5 cm na primavera e no outono [s38]. Uma dica prática: peneire o composto antes de usá-lo para remover componentes grosseiros e garantir uma distribuição uniforme. Estrume bem decomposto é outro componente valioso para a renovação do solo [s39]. O momento certo é crucial: aplique o estrume pelo menos 8 semanas antes do plantio planejado para evitar danos às raízes. Um método inovador é o uso de biochar [s36]. Este carvão vegetal especial deve ser enriquecido com um fertilizante NPK antes de ser incorporado, a fim de otimizar seu efeito positivo na estrutura do solo e no equilíbrio de nutrientes.

Um aspecto frequentemente subestimado da renovação do solo é o uso direcionado de ervas daninhas [s40]. Elas podem servir como melhoradores naturais do solo, transportando:
- Nutrientes de camadas mais profundas do solo para cima
- Soltando o solo naturalmente com suas raízes
- Fornecendo material orgânico após a morte

Para os meses de inverno, recomenda-se a semeadura de plantas de cobertura [s36]. Elas não apenas protegem contra a erosão, mas também enriquecem o solo com nutrientes valiosos. As leguminosas, como ervilhas de inverno, são especialmente eficazes, pois também enriquecem o solo com nitrogênio. A configuração final da superfície é importante para a distribuição ideal da água. Nivele o canteiro cuidadosamente e certifique-se de que não haja depressões onde a água possa se acumular [s37]. Uma dica prática: use uma longa tábua de madeira como ferramenta de nivelamento para alcançar uma superfície uniforme. Para melhorar a estrutura do solo, pode-se incorporar perlita [s39]. Esta rocha vulcânica previne a compactação e melhora a aeração. Misture cerca de 10-15% de perlita na camada superior do solo. Isso é especialmente importante em áreas onde se planejam culturas pesadas. Uma camada final de cobertura com aparas de grama ou folhas trituradas [s39] protege o solo renovado e fornece continuamente novos nutrientes. Certifique-se de que a camada de cobertura não seja muito espessa - cerca de 5 cm é ideal. O controle regular de pragas e doenças [s38] deve fazer parte da rotina de cuidados. Documente suas observações e ações para aprender com as experiências e otimizar continuamente as medidas de cuidado.

*ervas selvagens* [i5]

**Resumo - 1. 2. Montagem e Preenchimento**

- A camada inferior consiste em papelão sobreposto com geotêxtil como barreira contra ervas daninhas.
- Grandes pedaços de madeira em decomposição representam um terço da altura total, com lascas de madeira compostadas nos espaços entre eles.
- Uma camada de galhos e ramos proporciona drenagem e ventilação.
- Camadas ricas em nitrogênio de grama compensam o consumo de nitrogênio das camadas de madeira.
- A camada superior de 20 cm para plantio é composta de solo superior e composto na proporção de 1:1.
- Uma mistura básica de partes iguais de solo superior, composto e areia de quartzo angular (0-2 mm) é ideal.
- Fendas de 0,5-1 cm entre as tábuas com tela de arame promovem a circulação de ar.
- Uma camada de drenagem de 10-15 cm de granito evita o encharcamento.
- A distância de plantio deve corresponder a 1,5 vezes o diâmetro esperado da planta.
- A estrutura ideal do solo consiste em 50% de espaço poroso, 45% de materiais minerais e 5% de material orgânico.
- O biochar deve ser misturado ao substrato na proporção de 5-10%.
- Para cada canteiro elevado, são necessários cerca de dois sacos de melhorador de solo por estação.
- 10-15% de perlita na camada superior do solo evita compactação.

## 1. 3. 0. Planejamento e Organização

A gestão bem-sucedida de um canteiro elevado requer mais do que apenas habilidade de jardinagem. Como planejar o cultivo ao longo de todo o ano? Quais ferramentas são realmente necessárias? E como manter a visão geral em meio a tudo isso? Uma organização bem pensada forma a base para um jardim produtivo em canteiros elevados. Desde o planejamento sistemático do ano até sistemas de irrigação eficientes e documentação cuidadosa - cada aspecto contribui para o sucesso. Questões práticas surgem: Como utilizar o espaço limitado de forma ideal? Quais plantas harmonizam entre si? E como garantir uma colheita contínua? As seções a seguir mostram sistematicamente como você pode planejar e organizar seu canteiro elevado com sucesso, passo a passo. Com esse conhecimento, você evita erros típicos de iniciantes e estabelece as bases para uma colheita abundante.

*„Um planejamento anual bem elaborado é a chave para o sucesso na jardinagem em canteiros elevados com colheita contínua.“*

### 1. 3. 1. Planejamento anual para colheita contínua

Um planejamento anual bem pensado é a chave para o sucesso na jardinagem em canteiros elevados com colheita contínua. A ideia principal é utilizar o canteiro ao máximo durante todo o ano e conseguir colher vegetais frescos de forma contínua [s41]. O planejamento começa já no inverno com a elaboração de um calendário de plantio detalhado. É necessário considerar as condições climáticas da região, especialmente a data média da última geada na primavera [s42]. Na Europa Central, essa data geralmente está entre meados de abril e início de maio. Culturas que gostam de calor, como tomates, pimentões ou abobrinhas, devem ser plantadas ao ar livre apenas pelo menos duas semanas após a última geada. Para um início antecipado, essas plantas podem ser cultivadas em casa ou em estufas. Um sistema comprovado para colheita contínua é a combinação de diferentes métodos de cultivo. O "plantio sucessivo" ou "Plantio Sucessivo" é particularmente eficaz [s43]. Aqui, os mesmos ou diferentes tipos de vegetais são plantados várias vezes durante a temporada. Por exemplo, alfaces podem ser semeadas a cada duas a três semanas, garantindo que sempre haja cabeças frescas disponíveis. Rabanetes também são excelentes para esse método - com um tempo de maturação de cerca de 4 semanas, várias colheitas podem ocorrer da primavera ao outono. O "Cultivo Intercalar" ou a cultura mista permite uma otimização adicional da área do canteiro [s43]. Aqui, plantas com diferentes formas de crescimento são combinadas. Um exemplo prático é a combinação de feijões-de-corda em uma treliça com espinafre de baixo crescimento à frente. Enquanto o espinafre pode ser colhido após 6-8 semanas, os feijões continuam a se desenvolver e utilizam o espaço de forma ideal. Para o planejamento da cultura subsequente, é importante conhecer os tempos de maturação das diferentes espécies de vegetais [s44]. Culturas precoces como rabanetes, alfaces ou espinafre podem ser semeadas já no início da primavera. Após a colheita em maio/junho, ainda há tempo suficiente para culturas que gostam de calor, como feijões-de-corda ou abobrinhas. No final do verão, podem ser plantados vegetais tolerantes ao frio, como salada de campo ou mostarda de inverno. A fertilidade do solo desempenha um papel central em um uso intensivo [s45]. Entre as culturas, o solo deve ser enriquecido com composto ou fertilizante orgânico. Uma rotação de culturas inteligente, incluindo leguminosas como ervilhas ou feijões, ajuda a manter a fertilidade do solo. Essas plantas enriquecem o solo naturalmente com nitrogênio. Para a implementação prática, recomenda-se manter um diário de jardinagem [s46]. Aqui, são anotadas as datas de semeadura e colheita, combinações de plantas bem-sucedidas e eventuais problemas. Esses registros são extremamente valiosos para o planejamento dos anos seguintes. Outro aspecto importante é o uso de medidas de proteção [s42]. Vlies ou túneis de plástico podem acelerar a semeadura na primavera e prolongar a temporada no outono. Assim, por exemplo, saladas asiáticas ou rúcula podem ser colhidas até o final do outono. O planejamento também deve considerar o armazenamento da colheita [s47]. Enquanto alguns vegetais, como alfaces, devem ser consumidos imediatamente, outros, como cenouras ou beterrabas, podem ser armazenados. Isso permite uma distribuição do trabalho de colheita e um fornecimento a longo prazo de vegetais próprios.

*Consórcio de culturas* [i6]

## Glossário

**Cultivo Intercalar**

Uma técnica de cultivo originária da agricultura tradicional, onde diferentes espécies de plantas são cultivadas simultaneamente na mesma área para otimizar recursos

**Plantio Sucessivo**

Um método de jardinagem inglês que se refere à semeadura escalonada de plantas iguais ou diferentes para possibilitar uma colheita contínua

## 1. 3. 2. Cultivo consorciado e rotação de culturas

O cultivo consorciado e a rotação de culturas são dois conceitos centrais para uma gestão sustentável e produtiva de canteiros elevados. O planejamento sistemático desses métodos de cultivo não apenas permite uma utilização ótima da área disponível, mas também contribui significativamente para a saúde do solo. A rotação de culturas baseia-se no princípio de que diferentes famílias de plantas devem ser cultivadas anualmente em um sistema rotativo [s48]. Um exemplo prático ilustra isso: divida mentalmente seu canteiro elevado em quatro áreas e mova as famílias de plantas no sentido horário a cada ano. Isso previne efetivamente a propagação de doenças e pragas do solo. A regra dos três anos é especialmente importante: uma planta deve ser cultivada novamente no mesmo local apenas após três anos [s49]. A estrutura em grelha de um canteiro elevado é excelente para a organização da rotação de culturas [s50]. Utilize essa estrutura para planejar diferentes combinações de plantas. Um exemplo inteligente é a combinação de milho e pepinos: os pepinos podem usar os robustos talos de milho como suporte natural, o que não apenas economiza espaço, mas também torna desnecessárias estruturas de suporte adicionais [s50]. Ao planejar as safras subsequentes, o tempo é crucial. Considere que as plantas crescem mais lentamente nos meses mais frios. Uma regra prática é planejar duas semanas adicionais para o tempo de maturação regular [s49]. Isso é especialmente importante para as semeaduras de outono, para que as plantas tenham tempo suficiente para se desenvolver antes da primeira geada. Um exemplo interessante da balança de nutrientes no solo aparece ao cultivar alho após batatas. Embora essa combinação seja inofensiva do ponto de vista fitopatológico, pois ambas as plantas pertencem a famílias diferentes [s51], o equilíbrio de nutrientes deve ser considerado. As batatas são grandes consumidoras de nutrientes, especialmente potássio, fósforo e nitrogênio. Após a colheita das batatas, o solo deve ser generosamente enriquecido com composto antes do plantio do alho, que também é exigente em nutrientes [s51]. Outro aspecto importante do planejamento da rotação de culturas é o uso de culturas de cobertura durante o período de inverno [s52]. Estas não apenas protegem o solo da erosão, mas também devolvem nutrientes importantes. phacelia ou centeio de inverno são particularmente adequados para isso e podem ser facilmente incorporados na primavera. O alho, aliás, oferece uma vantagem adicional no cultivo consorciado: suas propriedades fungicidas ajudam a manter pragas e parasitas afastados das plantas vizinhas [s51]. Este é um excelente exemplo de como combinações de plantas bem pensadas podem apoiar a proteção natural das plantas. Para a implementação prática, recomenda-se a elaboração de um plano de cultivo detalhado. Desenhe seu canteiro elevado e marque as diferentes áreas para a rotação de culturas. Anote as famílias de plantas e sua rotação ao longo dos anos. Considere também as diferentes necessidades nutricionais das plantas e planeje culturas exigentes em nutrientes após plantas que melhoram o solo.

## 1. 3. 3. Sistemas de irrigação

A irrigação correta é crucial para o sucesso na jardinagem em canteiros elevados. Um sistema de irrigação bem planejado não apenas economiza tempo e água, mas também garante um fornecimento ideal de nutrientes para as plantas [s53]. Para canteiros elevados, três tipos principais de sistemas de irrigação são particularmente adequados: a irrigação por gotejamento, mangueiras Soaker e a irrigação por aspersão clássica [s53]. Cada sistema possui suas vantagens e desvantagens específicas, que devem ser consideradas no planejamento. A irrigação por gotejamento é considerada especialmente eficiente e econômica em termos de água. Ela consiste em uma mangueira principal com gotejadores integrados ou acoplados, que fornecem água diretamente às raízes das plantas [s54]. Para a instalação em um canteiro elevado, recomenda-se o seguinte procedimento: primeiro, uma linha principal deve ser instalada na borda superior do canteiro. A partir dela, tubos flexíveis de micro irrigação se ramificam até as plantas individuais [s55]. É importante não posicionar os gotejadores diretamente sob as plantas para evitar problemas nas raízes. Uma dica prática: posicione as mangueiras em um padrão leve de ziguezague, o que permitirá mais flexibilidade na plantação posterior. As mangueiras Soaker representam uma alternativa econômica. Essas mangueiras porosas "suam" água lentamente ao longo de todo o seu comprimento [s53]. Para uma distribuição uniforme da água, é essencial que o canteiro elevado seja nivelado. Um truque comprovado é cobrir as mangueiras com cerca de 5 cm de cobertura morta - isso evita perdas por evaporação e protege a mangueira da radiação UV. A irrigação por aspersão utilizando aspersores é a variante mais simples, mas também apresenta desvantagens. Embora seja adequada para zonas climáticas secas, aumenta o risco de doenças fúngicas devido ao folhagem molhada [s53]. Se você optar por esse método, é melhor irrigar pela manhã cedo, para que as folhas possam secar ao longo do dia. Para todos os sistemas, a automação por meio de temporizadores torna a irrigação confortável e confiável [s54]. Ao instalar um sistema automático, é imprescindível integrar um sensor de chuva. Este interrompe a irrigação em caso de precipitação natural, evitando assim o desperdício de água. Uma dica prática da experiência: programe vários intervalos curtos de irrigação em vez de uma longa irrigação. Isso melhora a absorção de água e evita o escoamento superficial. Antes da instalação final, o sistema deve ser testado minuciosamente quanto a vazamentos [s55]. Para isso, marque a posição de cada gotejador e verifique a quantidade de água que sai. Irregularidades podem ser corrigidas ajustando os gotejadores ou adicionando pontos de gotejamento extras. A escolha do sistema de irrigação ideal depende de vários fatores, como a localização geográfica, os tipos de plantas cultivadas e suas preferências pessoais [s53]. Considere também o esforço de manutenção: a irrigação por gotejamento requer verificações regulares dos gotejadores para obstruções, enquanto as mangueiras Soaker são relativamente de baixa manutenção.

Glossário

**Sprinkler**

Termo derivado do inglês 'to sprinkle' (aspersar) para um distribuidor de água, utilizado na agricultura profissional desde a década de 1950

**Soaker**

Um termo de origem inglesa para uma mangueira de infiltração, originalmente desenvolvida para irrigação de gramados

## 1. 3. 4. Ferramentas e utensílios

Para o manejo bem-sucedido de uma horta elevada, é essencial ter um conjunto básico de ferramentas e utensílios. Estes podem ser divididos em diferentes áreas funcionais, sendo que para iniciantes, inicialmente, uma ou duas ferramentas por categoria são suficientes [s56]. As ferramentas de escavação mais importantes incluem uma pá de mão e uma colher de planta. Estas são indispensáveis ao plantar mudas e para pequenos trabalhos de solo na horta elevada. Para a aeração do solo e remoção de ervas daninhas, o cultivador manual e o arrancador de ervas daninhas têm se mostrado eficazes [s57]. Uma dica prática: escolha ferramentas manuais com cabos ergonômicos - isso permite trabalhar sem fadiga mesmo por longos períodos. Para os cuidados, a tesoura de jardinagem e o amarrador de plantas são essenciais. A tesoura de jardinagem deve ser limpa e lubrificada regularmente para manter seu desempenho de corte. Um truque comprovado é esfregar as lâminas com um pouco de azeite após a limpeza - isso protege contra a ferrugem e mantém a mobilidade. Os utensílios de transporte e armazenamento desempenham um papel importante. Um carrinho de jardinagem ou uma carroça facilita significativamente o transporte de terra, composto e colheitas [s57]. Para o armazenamento de sementes, recipientes de armazenamento especiais são úteis, pois oferecem proteção contra umidade e luz solar [s58]. Organize suas sementes em recipientes herméticos rotulados e adicione um pacote de Silicagel para absorver a umidade. Para documentação e planejamento, ferramentas modernas como aplicativos de planejamento de jardins ou métodos tradicionais como papel milimetrado são úteis [s58]. Um diário de jardinagem detalhado, onde a semeadura, cuidados e colheitas são documentados, apoia o planejamento para os anos seguintes. Dica prática: fotografe sua horta elevada regularmente e salve as imagens com data - assim você mantém sempre a evolução em vista. Os cuidados com as plantas também incluem ferramentas de medição e controle. Um termômetro de solo ajuda a determinar o momento certo para a semeadura, um medidor de pH para controlar a qualidade do solo [s57]. Marque suas semeaduras com etiquetas de plantas à prova d'água e use uma caneta à prova d'água - assim você mantém o controle mesmo após várias chuvas. Para a irrigação, além da técnica de irrigação já discutida, um regador com bico e um medidor de água são úteis. O bico deve produzir um jato fino e uniforme, para não danificar as mudas delicadas. Uma dica prática da experiência: coloque seu regador de cabeça para baixo após o uso - isso evita a formação de algas na água restante. Equipamentos de proteção não devem ser esquecidos. Luvas de jardinagem protegem as mãos, mas devem ser respiráveis e bem ajustadas [s56]. Para trabalhos de joelhos, um suporte para os joelhos ou um banco de jardinagem é recomendável. Um chapéu de aba larga e protetor solar também fazem parte do conjunto básico. Para o controle de pragas e proteção das plantas, redes de proteção de culturas e mantas são ferramentas importantes [s59]. Estas devem estar disponíveis em diferentes tamanhos e podem ser fixadas à horta elevada com grampos de fixação especiais. Uma dica inteligente: rotule suas mantas e redes com o tamanho - isso economiza tempo na busca no próximo ano.

*Pá de mão* [i7]

*tesoura de jardim* [i8]

## Glossário

**Medidor de pH**

Um instrumento eletrônico ou químico para medir o valor de acidez e alcalinidade do solo. O valor varia de 0 a 14, sendo 7 neutro.

**Rede de proteção de culturas**

Um tecido leve e de malha fina feito de plástico, que protege as plantas de pragas como a mosca da couve ou a mosca da cenoura, mas permite a passagem de luz e água.

**Silicagel**

Um dessecante químico à base de dióxido de silício, que absorve e armazena a umidade do ar em pequenos pacotes.

## 1. 3. 5. Documentação e diário de jardim

Um diário de jardim bem mantido é uma ferramenta indispensável para qualquer jardineiro amador. Ele não apenas ajuda a documentar sucessos e fracassos, mas também permite uma melhoria contínua da prática de jardinagem [s60]. A documentação sistemática deve abranger várias áreas principais e pode ser realizada tanto de forma analógica quanto digital. Para a implementação prática, recomenda-se uma estrutura com as seguintes categorias principais: semeadura e plantio, cuidados, colheitas e ocorrências especiais. É importante não apenas anotar os fatos puros, mas também registrar observações e experiências pessoais. Um sistema comprovado é o uso de um fichário, que pode ser anualmente complementado com novas páginas. Assim, os registros permanecem organizados e comparáveis.

Na documentação de semeadura e plantio, devem ser registrados os seguintes detalhes:
- Data da semeadura/plantio
- Variedades utilizadas e sua origem
- Localização na horta elevada
- Medidas de preparação especiais
- Sucesso e duração da germinação

O registro de cuidados inclui:
- Aplicações de fertilizantes (tipo, quantidade, data)
- Ritmo de irrigação
- Medidas de proteção de plantas realizadas
- Coberturas de mulch
- Medidas de poda

Para a documentação da colheita, uma forma tabular é recomendada, onde a data, quantidade e qualidade da colheita são registradas. Uma dica prática: fotografe suas colheitas e anexe as imagens com notas correspondentes à documentação [s61].

Particularmente valiosos para o planejamento futuro são os registros sobre:
- Combinações de plantas bem-sucedidas e menos bem-sucedidas
- Doenças ou pragas que ocorreram
- Particularidades climáticas e seus impactos
- Ferramentas utilizadas e sua eficácia

Uma abordagem moderna é o uso de aplicativos de jardinagem digitais, que muitas vezes oferecem funções adicionais, como registros climáticos ou lembretes para tarefas pendentes. Muitos jardineiros combinam com sucesso a documentação analógica e digital, por exemplo, complementando o diário manuscrito com fotos digitais.

Para a colaboração em jardins comunitários, é útil documentar também aspectos organizacionais [s62]. Isso inclui:
- Acordos entre jardineiros
- Distribuição de responsabilidades
- Planejamentos e projetos conjuntos
- Gestão de recursos

Os meses de inverno são excelentes para avaliar as informações coletadas e otimizar o planejamento para o próximo ano de jardinagem [s61]. Analise:
- Quais variedades funcionaram particularmente bem
- Quais distâncias de plantio se mostraram eficazes
- Quão bem-sucedidos foram os diferentes métodos de preparação do solo
- Quais oportunidades de melhoria surgem para o próximo ano

Um aspecto frequentemente subestimado é a documentação de experimentos e tentativas. Registre:
- Situação inicial e objetivos
- Medidas realizadas
- Desenvolvimentos observados
- Resultados alcançados
- Conclusões para o futuro

A manutenção consistente de um diário de jardim pode parecer trabalhosa no início, mas compensa com colheitas continuamente melhoradas e menos erros nos anos seguintes. A chave está na documentação regular e oportuna e em uma estrutura de registros clara e de fácil acesso.

**Resumo - 1. 3. Planejamento e Organização**

- Um planejamento anual bem pensado começa já no inverno com a elaboração de um calendário de plantio detalhado, levando em consideração a data regional da última geada.
- O plantio sucessivo permite colheitas contínuas por meio de semeaduras múltiplas das mesmas variedades de vegetais durante a temporada.
- O cultivo intercalado otimiza a área do canteiro ao combinar plantas com diferentes formas de crescimento, como feijão-de-corda com espinafre.
- A regra dos três anos afirma que uma planta deve ser cultivada no mesmo local apenas após três anos.
- A phacelia e o centeio de inverno são adequados como culturas de cobertura para o período de inverno e protegem contra a erosão do solo.
- O alho possui propriedades fungicidas e ajuda a manter pragas afastadas das plantas vizinhas.
- A irrigação por gotejamento deve ser instalada em um padrão em zigue-zague para maior flexibilidade no plantio posterior.
- Mangueiras de gotejamento devem ser cobertas com 5 cm de profundidade de mulch para proteção contra radiação UV.
- Vários intervalos curtos de irrigação são mais eficazes do que uma irrigação longa.
- O gel de sílica em recipientes herméticos para sementes absorve a umidade prejudicial.
- As redes de proteção de culturas devem ser rotuladas com o tamanho e fixadas ao canteiro elevado com grampos de fixação especiais.
- Um sistema de pasta de anéis para o diário do jardim permite adições anuais mantendo a clareza.

**Revisão - 1. Fundamentos da Jardinagem em Canteiros Elevados**

- Um canteiro elevado ergonomicamente projetado deve ter entre 60 e 75 cm de altura e 120 cm de largura, sendo a madeira de cedro um material durável. Cadeiras de jardim especiais e almofadas para os joelhos, assim como ferramentas ergonômicas com cabos telescópicos, permitem um trabalho que preserva a saúde das costas. O aço Corten e o aço galvanizado são materiais especialmente duráveis para canteiros elevados, mas devem ser isolados contra superaquecimento. A orientação ideal é com o lado longo voltado para o sul, para máxima incidência solar de 8 a 12 horas diárias. A construção em camadas começa com uma camada de drenagem de granito, seguida de madeira, aparo de grama e uma mistura de solo superior e composto na proporção de 1:1. O biochar melhora a capacidade de retenção de água e cria um habitat para microrganismos benéficos. A irrigação por gotejamento e mangueiras de absorção permitem uma irrigação eficiente e econômica diretamente nas raízes. O plantio sucessivo e a consorciação de culturas maximizam os rendimentos por meio de semeadura escalonada e combinações de plantas inteligentes. Um diário de jardinagem detalhado, com documentação de semeadura, cuidados e colheita, apoia a otimização contínua. Com esse sólido conhecimento básico, podemos agora nos dedicar à empolgante questão de como otimizar o cultivo de vegetais ao longo de todo o ano.

# 2. 0. 0. Cultivo de Vegetais ao Longo do Ano

O cultivo de vegetais ao longo do ano apresenta diversos desafios para os jardineiros amadores: Quando é o momento ideal para a primeira semeadura? Como proteger plantas sensíveis contra geadas tardias? E quais variedades de vegetais são adequadas para o cultivo em canteiros elevados? A natureza dita o ritmo - desde a primeira germinação da semeadura de primavera, passando pela intensa fase de crescimento no verão, até o armazenamento da última colheita antes do inverno. Cada estação traz suas próprias tarefas e particularidades. Um plano de cultivo bem elaborado e o conhecimento das necessidades específicas das diferentes espécies de vegetais são fundamentais para o sucesso. Este capítulo o acompanhará ao longo do ano no jardim e mostrará de forma prática como você pode utilizar seu canteiro elevado da melhor maneira. Desde a preparação do solo, passando por combinações de plantas adequadas, até técnicas comprovadas de hibernação, você receberá todas as informações importantes para uma colheita abundante. As páginas a seguir transmitem o conhecimento básico necessário para que até os iniciantes consigam navegar com segurança pela primeira temporada de jardinagem.

## 2. 1. 0. Plantio de Primavera

O plantio da primavera na horta elevada marca o início da nova temporada de jardinagem e apresenta aos jardineiros amadores decisões importantes: Quando é o momento ideal para as primeiras semeaduras? Como preparar o solo corretamente após o inverno? Quais variedades de vegetais são especialmente adequadas para um início precoce? As respostas a essas perguntas dependem de vários fatores - desde as condições climáticas até a qualidade do solo e o método de cultivo escolhido. Um planejamento cuidadoso e o momento certo são decisivos para o sucesso. Quem compreende e aplica os princípios básicos do plantio da primavera pode não apenas colher mais cedo, mas também evitar perdas de colheita devido a geadas tardias e utilizar o espaço disponível na horta elevada de forma otimizada.

> *„Variedades de vegetais resistentes ao frio podem ser plantadas já duas a três semanas antes da última geada esperada.“*

## 2. 1. 1. Preparação do solo após o inverno

Após o inverno, a preparação adequada do solo na horta elevada é crucial para uma temporada de jardinagem bem-sucedida. Idealmente, a preparação começa no outono [s63], mas também no início da primavera podem ser tomadas medidas importantes para criar condições de crescimento ideais. O primeiro passo consiste em uma avaliação minuciosa e limpeza da horta elevada. Restos de plantas mortas devem ser removidos cuidadosamente para prevenir doenças e pragas [s64]. É importante não colocar material vegetal doente na compostagem normal, a menos que a compostagem ocorra a temperaturas superiores a 60°C, que eliminam os patógenos [s64]. Aproveite esta oportunidade para realizar uma avaliação do jardim: Quais plantas cresceram bem no ano anterior? Onde houve problemas? Essas informações ajudam no planejamento futuro [s63]. Para a preparação do solo propriamente dita, existem dois métodos básicos disponíveis: o método No-Till (sem revolvimento) ou a revolvimento clássico do solo [s63]. Ao revolver, você deve esperar por tempo seco, pois o trabalho em solo molhado pode danificar a estrutura do solo de forma duradoura [s65]. Revolver o solo tem a vantagem de triturar os restos de plantas e combater pragas que hibernaram [s64]. Um aspecto central da preparação do solo é a melhoria da qualidade do solo através de material orgânico. Aplique uma camada de 10-15 cm de composto de alta qualidade e incorpore-a nos 30-38 cm superiores do solo [s65]. Em hortas elevadas, recomenda-se uma construção em camadas: a camada inferior deve ser composta por materiais ricos em carbono, como madeira, seguida por materiais ricos em nitrogênio, como esterco ou composto verde [s66]. A adição de palha pode ajudar a evitar uma compactação excessiva [s66]. A cada três anos, você deve realizar uma análise do solo [s64] para determinar a necessidade exata de nutrientes e, se necessário, corrigir de forma direcionada. Isso é especialmente importante, pois diferentes plantas têm diferentes exigências nutricionais. Uma estratégia interessante para a melhoria do solo é o uso de culturas de cobertura ou culturas intercaladas [s67]. Estas devem ser semeadas a tempo para que possam ser decompostas antes do novo plantio. Elas não apenas estabilizam o solo, mas também promovem sua saúde [s64]. Ao criar uma nova horta elevada, preste atenção a um local ensolarado com pelo menos 6 horas de luz solar direta por dia [s65]. No inverno, materiais empilhados de forma inteligente podem servir como proteção contra o vento e armazenamento de neve - a neve armazenada atua como um reservatório natural de água ao derreter [s66]. Outra opção é deixar alguns canteiros em pousio temporário, para dar ao solo um período de regeneração. No entanto, isso requer capina regular, pois calor e chuvas favorecem o crescimento de ervas daninhas [s67]. Utilize o período de pousio para produzir mais composto - especialmente no verão, você deve aumentar a produção de composto para estar preparado para a temporada de outono [s67]. A preparação final consiste em soltar os 20 cm superiores do solo e incorporar uma última camada de adubo orgânico [s65]. Com isso, você cria condições ideais para o seu plantio de primavera.

*Análise do solo* [i9]

*Método sem cultivo* [i10]

**Cultura de Cobertura**

Plantas como trevo, lupinos ou mostarda, que são cultivadas entre as culturas principais para proteger o solo, armazenar nutrientes e melhorar a estrutura do solo.

**Método No-Till**

Um método de cultivo que preserva o solo, onde não se revolvem as camadas do solo. Em vez disso, a superfície do solo é apenas minimamente trabalhada e coberta com material orgânico, o que preserva a estrutura natural do solo e os microrganismos.

## 2. 1. 2. Primeiras semeaduras na primavera

As primeiras semeaduras na primavera marcam o início da nova temporada de jardinagem e exigem planejamento cuidadoso, bem como o momento certo. O momento ideal para as primeiras semeaduras depende de vários fatores, sendo que a última geada desempenha um papel decisivo [s68]. Como regra geral, variedades de vegetais resistentes ao frio podem ser plantadas duas a três semanas antes da última geada esperada [s69]. Para iniciantes, culturas especialmente robustas e de fácil manejo, como beterrabas, são recomendadas. Elas prosperam na maioria dos tipos de solo, mas reagem de forma sensível a valores extremos de phwert [s70]. Ao semear beterrabas, recomenda-se um espaçamento entre as linhas de 20 cm, com as sementes individuais sendo plantadas a cerca de 10 cm de distância umas das outras. Como a germinação pode ocorrer de forma irregular, é aconselhável replantar em lacunas que surgirem. Para uma colheita contínua ao longo da temporada, você deve realizar novas semeaduras a cada duas a três semanas [s70]. Entre os vegetais clássicos da primavera, também estão as folhas verdes, como alface, couve e acelga [s71]. Estes podem ser semeados cedo no ano, mas você deve tomar precauções contra possíveis geadas tardias. Um método comprovado é cobrir as semeaduras com tecido não tecido ou túneis de plástico especiais [s69]. Isso cria um mikroklima protegido e permite um início de colheita mais cedo. Particularmente interessantes para a semeadura precoce são as ervilhas, que podem ser plantadas diretamente no solo no início de janeiro. Recomenda-se uma semeadura relativamente densa [s71]. A rúcula também é excelente para a semeadura precoce, assim que as temperaturas se mantiverem amenas [s71]. Uma dica prática importante: Realize um teste de pH antes da primeira semeadura [s72]. Isso ajuda a avaliar e, se necessário, ajustar as condições do solo. Para a maioria das variedades de vegetais, um valor de pH entre 6,0 e 7,0 é ideal. Para culturas que amam calor, deve-se ter cuidado especial: estas devem ser semeadas apenas pelo menos duas semanas após a última geada [s68]. Para ainda poder começar a germinação cedo, recomenda-se o cultivo prévio em uma janela ou estufa. Um sistema comprovado para a semeadura da primavera é a semeadura escalonada. Semeie, por exemplo, pequenas quantidades a cada duas semanas, em vez de tudo de uma vez. Isso garante uma colheita contínua e evita que você tenha que colher demais de uma única cultura de uma só vez [s70]. Para uma semeadura bem-sucedida na primavera, a profundidade de semeadura correta também é crucial. Como regra geral: quanto menor a semente, mais rasa deve ser a semeadura. Sementes muito finas são praticamente apenas espalhadas sobre o solo e levemente pressionadas. A documentação de suas semeaduras também é importante. Anote o momento da semeadura, as variedades utilizadas e, posteriormente, o sucesso da colheita. Esses registros ajudam você a obter resultados ainda melhores no próximo ano. Considere também a possibilidade de cultivo misto: diferentes variedades de vegetais podem se apoiar mutuamente no crescimento e se proteger de pragas. Por exemplo, cenouras e cebolas combinam bem [s72]. Outro aspecto prático é a preparação para possíveis caprichos do tempo na primavera. Tenha materiais de proteção, como tecido não tecido ou plástico, prontos para proteger suas semeaduras de geadas tardias, se necessário [s69]. Esses materiais também podem ser usados preventivamente para aumentar a temperatura do solo e, assim, acelerar a germinação.

## 2. 1. 3. Medidas de proteção contra geada

A proteção eficaz contra geadas é essencial para um plantio bem-sucedido na primavera em canteiros elevados. Especialmente nos meses críticos de transição, quando já ocorreram as primeiras semeaduras, mas ainda há risco de geadas tardias, medidas de proteção bem pensadas são indispensáveis [s73]. Um método comprovado são as coberturas de plantas especiais, disponíveis em várias versões e espessuras de material. Elas diferem não apenas em sua eficácia de proteção contra geadas, mas também em sua transparência à luz [s73]. Ao usar coberturas, você tem duas opções básicas: pode deixar o material diretamente sobre as plantas ou – o que geralmente é mais suave – criar um espaço protegido com a ajuda de arcos. A última opção evita que partes sensíveis das plantas sejam danificadas pelo contato direto com a cobertura fria [s73]. Particularmente eficazes são os mini-estufas, que, como mostram estudos científicos, podem oferecer proteção contra geadas de três a seis graus Celsius [s74]. Essas pequenas construções têm várias vantagens: aquecem o solo mais rapidamente, armazenam calor durante a noite e protegem as plantas das frequentemente instáveis condições climáticas no final da primavera. É importante manter a cobertura até que as temperaturas noturnas permaneçam consistentemente acima de zero [s74]. Uma alternativa econômica são as antigas molduras de janelas ou cortinas transparentes como proteção contra geadas [s75]. Essa solução improvisada tem a vantagem de que os materiais podem ser reutilizados ano após ano. Ao montar tais dispositivos de proteção, é especialmente importante prestar atenção à estabilidade contra o vento. As coberturas devem ser fixadas com cuidado, pois ventos fortes podem não apenas remover a camada protetora, mas também levar à desidratação das plantas [s73]. Um aspecto prático importante é o gerenciamento das coberturas: assim que as temperaturas durante o dia aumentam, você deve garantir ventilação adequada para evitar superaquecimento. Isso é especialmente importante quando suas plantas já estão florescendo, pois temperaturas muito altas podem prejudicar a polinização [s74]. É melhor desenvolver uma rotina diária para abrir pela manhã e fechar à noite, dependendo das previsões meteorológicas. Para um planejamento a longo prazo, é sensato já no outono plantar espécies resistentes ao frio que podem hibernar sem problemas [s76]. Essa estratégia permite um início antecipado na temporada de jardinagem, uma vez que essas plantas já estão estabelecidas quando os primeiros dias quentes da primavera chegam. Para plantas pré-cultivadas, como beterrabas, que foram iniciadas em casa, o momento do transplante é crucial. Você pode levá-las para o campo assim que o solo estiver trabalhável, mas deve garantir proteção adequada contra geadas [s75]. Uma combinação de várias medidas de proteção pode ser útil aqui – por exemplo, uma mini-estufa com uma cobertura de tecido adicional para noites especialmente frias. Considere também que nas últimas semanas antes da data estatisticamente última de geada, ainda são possíveis quedas de temperatura surpreendentes [s74]. Portanto, mantenha materiais de proteção prontos, mesmo quando as previsões meteorológicas já parecerem amenas. Um sistema de proteção contra geadas bem organizado permite que você reaja rapidamente a mudanças climáticas e proteja suas plantas de forma eficaz.

## Glossário

**Cobertura de tecido**
Um material têxtil leve e respirável feito de polipropileno ou poliéster, que protege as plantas contra geadas enquanto permite a passagem de ar, luz e água.

**Mini-estufa**
Uma construção compacta e transportável de vidro ou plástico que funciona como uma pequena estufa. Ideal para varandas e terraços, geralmente equipada com aberturas de ventilação.

## 2. 1. 4. Variedades precoces de vegetais

As primeiras variedades de vegetais que podem ser plantadas na primavera em canteiros elevados são plantas especialmente robustas e tolerantes ao frio. Essas variedades precoces não apenas permitem um início antecipado na temporada de jardinagem, mas também proporcionam colheitas particularmente aromáticas e tenras, pois crescem na estação mais fria [s77]. Entre os clássicos iniciantes estão várias folhas verdes, como espinafre, couve e rúcula. Estas podem ser semeadas já em março sob luzes de cultivo, para depois serem transplantadas ao ar livre no momento da última geada [s77]. Uma dica prática: escolha um local no canteiro elevado que ofereça sombra leve à tarde. Isso evita a perda de sabor mais tarde no ano devido à intensa exposição ao sol. Particularmente interessantes para jardineiros amadores são também os vegetais de raiz, como beterrabas e cenouras. Estes podem ser colhidos significativamente mais cedo com uma semeadura antecipada em áreas protegidas [s78]. Para minimizar o trabalho e garantir espaçamentos uniformes, recomenda-se o uso de sementes pelotadas. Isso também reduz consideravelmente o trabalho de desbaste posterior. Uma estratégia comprovada para semeaduras precoces é a combinação de diferentes variedades de vegetais. Por exemplo, você pode plantar culturas de crescimento rápido, como rabanetes, entre espécies de crescimento mais lento, como repolho [s79]. Isso não apenas maximiza o uso da área disponível, mas também cria microclimas favoráveis para as diferentes plantas. Para um início ideal, recomenda-se uma camada de cobertura morta feita de material orgânico [s80]. Isso não apenas mantém a umidade no solo, mas também suprime o crescimento de ervas daninhas e promove uma vida saudável do solo. Especialmente em semeaduras precoces, isso é importante, pois as plantas lidam melhor com as frequentemente variáveis condições climáticas. Uma menção especial merece a variedade asiática de vegetais Bok Choy, cujas folhas jovens são excelentes para a semeadura precoce [s77]. Esta planta não apenas oferece uma variação de sabor bem-vinda, mas também cresce de forma confiável em temperaturas mais frias. Para uma colheita contínua, recomenda-se a criação de uma mistura de Mesclun sob cobertura protetora [s79]. Esta combinação de diferentes variedades de alface pode ser colhida várias vezes e fornece folhas frescas e tenras para o consumo diário ao longo de um período mais longo. Um aspecto prático importante ao planejar a semeadura precoce é considerar os tempos de colheita. Com um cronograma inteligente, você pode alcançar um fluxo contínuo de colheitas e evitar que todas as plantas fiquem prontas para a colheita ao mesmo tempo. Por exemplo, planeje uma nova semeadura a cada duas semanas para as alfaces. A experiência mostra que as variedades de vegetais semeadas precocemente costumam ser menos afetadas por pragas e doenças [s79]. Isso se deve ao fato de que muitas pragas só se tornam ativas mais tarde no ano. Aproveite essa vantagem natural, estabelecendo culturas particularmente suscetíveis, como o repolho, o mais cedo possível na temporada.

*Cenouras* [i11]

*Nabos* [i12]

## Glossário

**Bok Choy**
Um repolho chinês asiático com talos de folhas brancos e carnudos e folhas verde-escuras, que pertence à família das crucíferas e é rico em vitamina C e cálcio

**Mesclun**
Uma mistura de várias folhas verdes jovens originária da Provença, que tradicionalmente inclui ervas como cerfeuil, endívia, rúcula e várias espécies de alface

**sementes pelotadas**
Sementes envoltas em uma camada de argila mineral, que assim recebem uma forma redonda uniforme e podem ser semeadas com mais precisão

## 2. 1. 5. Cultivo de mudas

O cultivo de mudas é uma base importante para uma temporada de jardinagem bem-sucedida e permite um início antecipado no ano de jardinagem. Ao cultivar plantas em um ambiente protegido, o período de crescimento pode ser significativamente prolongado [s81]. Isso é especialmente vantajoso para culturas com longo tempo de desenvolvimento ou em condições climáticas desfavoráveis. Para o cultivo de mudas, existem dois métodos básicos: a semeadura direta em vasos ou bandejas de cultivo, bem como a aquisição de mudas prontas de viveiros locais [s82]. O cultivo próprio oferece a vantagem de poder escolher entre uma maior variedade de espécies e ter controle total sobre as condições de cultivo. Janelas ensolaradas ou prateleiras de cultivo especiais com luzes para plantas são particularmente adequadas para isso. Na semeadura, é importante utilizar um substrato de cultivo de alta qualidade. Este deve ser pobre em nutrientes e finamente estruturado para criar condições ideais de germinação. A profundidade da semeadura depende do tamanho da semente - como regra geral, quanto maior a semente, mais profunda deve ser a semeadura. Após a semeadura, a umidade uniforme é crucial, sendo que o encharcamento deve ser absolutamente evitado. Um fator crítico para o sucesso do cultivo de mudas é a gestão correta da temperatura. A maioria das espécies de vegetais germina de forma ideal em temperaturas entre 18-22°C. Após a germinação, as temperaturas podem ser ligeiramente reduzidas para obter plantas compactas e robustas. A fase de aclimatação antes do transplante para o campo aberto [s83] é especialmente importante. Nessa fase, as mudas são gradualmente acostumadas às condições externas, sendo inicialmente colocadas do lado de fora durante o dia e, posteriormente, também à noite [s82]. Para Brassica como couve ou brócolis, recomenda-se um pré-cultivo de 6-8 semanas [s81]. Essas plantas robustas são particularmente adequadas para iniciantes, pois são relativamente fáceis de cuidar e toleram bem temperaturas mais frias. Durante o cultivo, deve-se ter cuidado para que as plantas não fiquem muito próximas, a fim de prevenir doenças fúngicas. Uma dica prática para o sucesso no cultivo de mudas é o uso de um Pikierstab ao transplantar. Com isso, as delicadas raízes podem ser cuidadosamente soltas do substrato de cultivo. Ao transplantar, as plantinhas devem ser colocadas até as folhas cotiledonares na nova terra, o que promove a formação de raízes adicionais. O cuidado adequado das mudas também inclui uma adubação ajustada. Somente quando as primeiras folhas verdadeiras aparecem, deve-se fertilizar com uma solução nutritiva fraca. A adubação muito precoce ou excessiva pode levar a um crescimento excessivo em comprimento, o que é indesejável. Para um fornecimento contínuo de mudas, recomenda-se uma semeadura escalonada. Planeje retrocedendo a partir da data de plantio desejada e considere o tempo de pré-cultivo de diferentes espécies. Mantenha um diário de jardinagem para documentar suas experiências e beneficiar-se delas no próximo ano. A utilização de mudas do comércio especializado pode ser uma boa alternativa, especialmente para iniciantes ou em caso de falta de tempo [s82]. Ao comprar, preste atenção em plantas saudáveis e compactas, sem infestação de pragas. Os torrões de raízes devem estar bem enraizados, mas não excessivamente emaranhados.

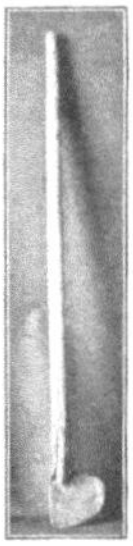

*transplantador* [i13]

## Glossário

**Brassica**
Gênero de plantas da família das crucíferas, que inclui importantes culturas como repolho, colza e mostarda. O gênero abrange cerca de 35 espécies.

**Pikieren**
Ferramenta de jardinagem especial feita de madeira ou plástico com uma ponta afilada, utilizada para o transplante cuidadoso de mudas.

**Resumo - 2. 1. Plantio de Primavera**

- O método No-Till e a aração clássica estão disponíveis como opções fundamentais para a preparação do solo.
- Uma camada de composto de 10-15 cm deve ser incorporada nos 30-38 cm superiores do solo.
- Camas elevadas requerem uma construção em camadas, com materiais ricos em carbono na parte inferior e materiais ricos em nitrogênio acima.
- Culturas de cobertura não apenas estabilizam o solo, mas também promovem sua saúde.
- Material empilhado pode servir como proteção contra o vento e armazenamento natural de neve durante o inverno.
- Variedades de vegetais resistentes ao frio podem ser semeadas duas a três semanas antes da última geada esperada.
- Mini-estufas oferecem uma proteção contra o frio comprovada cientificamente de três a seis graus Celsius.
- Bok Choy é especialmente adequado para a semeadura precoce e cresce de forma confiável em temperaturas mais frias.
- Misturas de mesclun sob cobertura permitem colheitas múltiplas ao longo de um período mais longo.
- Vegetais semeados precocemente costumam ser menos afetados por pragas, uma vez que muitas delas se tornam ativas mais tarde no ano.
- Culturas de Brassica necessitam de um pré-cultivo de 6-8 semanas.
- A fertilização de mudas deve ser realizada apenas após o aparecimento das primeiras folhas verdadeiras com uma solução nutritiva fraca.

## 2. 2. 0. Cultivo de Verão

Como aproveitar ao máximo a temporada de verão na horta elevada? Quais plantas se desenvolvem especialmente bem na estação quente e como protegê-las da intensa radiação solar? A cultura de verão na horta elevada oferece diversas possibilidades, mas também apresenta desafios especiais para os jardineiros. Desde a escolha correta das plantas até métodos de irrigação eficientes e conceitos de sombreamento bem pensados - o cultivo de verão bem-sucedido requer conhecimento sólido e estratégias práticas. Especialmente variedades de vegetais que amam o calor, como tomates, pimentões ou abobrinhas, podem produzir colheitas abundantes com os devidos cuidados. Ao mesmo tempo, é necessário proteger as plantas do estresse hídrico e da exposição excessiva ao sol. Com as técnicas adequadas e um bom planejamento, é possível prolongar a fase produtiva na horta elevada até bem entrada a primavera. As seções a seguir mostrarão como você pode explorar ao máximo o potencial da sua horta elevada na estação quente.

*„Vegetais que amam o calor, como tomates, pimentões e berinjelas, formam o cerne do cultivo de verão em canteiros elevados e necessitam de temperaturas mais altas para um crescimento ideal.“*

### 2. 2. 1. Espécies de vegetais que precisam de calor

Espécies de vegetais que precisam de calor formam o cerne do cultivo de verão em canteiros elevados, trazendo diversidade e cor ao jardim. Essas plantas prosperam especialmente bem durante a estação quente e necessitam de temperaturas mais altas para um crescimento ideal [s84]. Entre as clássicas espécies de vegetais que amam o calor estão, entre outros, tomates, pimentões, berinjelas, várias variedades de abóbora, como abóbora butternut e abobrinha, além de pepinos e diversas variedades de feijão [s85] [s86]. Especialmente os feijões se mostraram como uma cultura extremamente gratificante - eles não apenas toleram o calor, mas também enriquecem o solo com sua capacidade de fixação de nitrogênio, da qual as culturas subsequentes podem se beneficiar [s87]. Para um cultivo bem-sucedido, o momento certo é crucial. A pré-cultura começa já 4-8 semanas antes da última geada da primavera [s88]. Para isso, uma janela ensolarada ou uma pequena estufa é especialmente adequada. As jovens plantas devem ser cultivadas em terra de semeadura com baixo teor de nutrientes em pequenos vasos ou bandejas de semeadura. A rega regular e cuidadosa com água morna favorece a germinação. Os períodos de plantio variam significativamente de acordo com a região e a espécie de vegetal. Enquanto, por exemplo, as berinjelas podem ser plantadas em regiões do norte até agosto, isso deve ser feito em áreas centrais até abril e em regiões do sul até março [s89]. Para pimentões, recomenda-se no norte o plantio até maio ou a partir de julho, em regiões centrais até abril e em áreas do sul a partir de agosto [s89]. Um método de cultivo especialmente eficiente é a semeadura sucessiva [s84]. Isso otimiza o espaço disponível no canteiro elevado, permitindo que, após a colheita de uma cultura, a próxima seja plantada imediatamente. Por exemplo, após as batatas precoces, você pode plantar feijões-de-bush, que estarão prontos para a colheita cerca de cinco semanas após o plantio [s87]. Para iniciantes, espécies especialmente robustas e de fácil cuidado, como feijões-de-bush, são recomendadas, pois exigem menos esforço em comparação com feijões trepadores [s87]. As abobrinhas também são plantas gratificantes para iniciantes, pois produzem muitos frutos com bons cuidados. Coloque essas plantas preferencialmente na borda sul do canteiro elevado para garantir condições de luz ideais. Além das espécies clássicas de vegetais, várias ervas como manjericão, coentro e endro também prosperam na cultura de verão [s86]. Estas podem ser colocadas habilidosamente entre as culturas principais e servem não apenas como ervas aromáticas, mas também como plantas companheiras naturais que podem repelir pragas. Milho doce e melões são outras opções interessantes para o canteiro elevado de verão [s90]. No entanto, essas exigem um pouco mais de espaço e cuidado. Aqueles que se aventuram nessas culturas serão recompensados com frutos especialmente aromáticos. Para melões, recomenda-se um suporte para proteger os frutos do contato com o solo e evitar a podridão. Uma dica especial para o cultivo de espécies que precisam de calor é o uso de plástico de mulch preto ou casca de árvore escura. Esses materiais aquecem ainda mais o solo e mantêm a umidade melhor no solo. Além disso, eles suprimem as indesejadas plantas daninhas, o que reduz significativamente o esforço de manutenção.

## Glossário

**Fixação de nitrogênio**
Um processo biológico em que certas plantas (especialmente leguminosas) podem converter o nitrogênio do ar em uma forma disponível para as plantas com a ajuda de bactérias

**Plantas daninhas**
Plantas que crescem espontaneamente e indesejadamente entre as culturas, competindo com estas por nutrientes, água e luz

## 2. 2. 2. Irrigação em períodos de seca

Em períodos de seca, uma estratégia de irrigação bem pensada para o canteiro elevado é especialmente importante, pois as plantas sofrem de estresse hídrico e seus rendimentos podem ser significativamente reduzidos [s91]. A regra básica para a maioria das plantas hortícolas é de cerca de 2,5 a 5 cm de água por semana, sendo que essa necessidade pode aumentar para até 5 cm em dias quentes e ensolarados [s92]. Uma irrigação eficiente começa com o momento certo. Prefira regar nas primeiras horas da manhã, idealmente entre 4 e 8 horas. Nesse horário, a evaporação ainda é baixa, e as plantas podem absorver a água de forma ideal antes que o calor do dia comece [s93]. Evite regar sob o sol forte do meio-dia ou no final da tarde, pois folhas molhadas durante a noite podem favorecer o desenvolvimento de doenças fúngicas. A frequência de irrigação deve ser ajustada ao tipo de solo. Em solos arenosos, é necessário regar com mais frequência (2-3 vezes por semana), enquanto solos argilosos ou de barro devem ser regados com menos frequência, mas de forma mais intensa [s94]. Um teste prático para verificar a umidade do solo é o "teste do dedo": insira seu dedo cerca de 2-3 cm na terra. Se o solo nessa profundidade estiver seco, é hora de regar [s93]. A instalação de um sistema de irrigação por gotejamento é especialmente eficaz. Coloque as mangueiras de gotejamento diretamente no solo entre as plantas. Este método é particularmente econômico em água, pois a água chega diretamente às raízes e quase não há perdas por evaporação [s95]. Outro benefício: as folhas permanecem secas, o que reduz o risco de doenças fúngicas. Uma medida importante para economizar água é a cobertura do solo. Aplique uma camada de cobertura de 5-10 cm de material orgânico, como palha, grama cortada ou mulch de casca [s96]. Isso reduz significativamente a evaporação e pode diminuir a necessidade de água em até 50%. Além disso, a camada de cobertura suprime ervas daninhas indesejadas e melhora a estrutura do solo a longo prazo. Preste atenção às diferentes necessidades hídricas dependendo da fase de desenvolvimento das plantas. Durante a germinação e ao se estabelecer após o transplante, a irrigação regular, mas cuidadosa, é especialmente importante [s91]. Plantas estabelecidas com um sistema radicular profundo podem suportar períodos de seca mais longos. Em períodos de seca extrema, medidas adicionais podem ser úteis. Colocar tigelas rasas de água entre as plantas não só cria bebedouros para insetos benéficos, mas também aumenta a umidade no canteiro [s95]. Uma sombra temporária com redes de sombreamento pode reduzir ainda mais a evaporação. Fique atento aos sinais de estresse hídrico em suas plantas: folhas murchas ou enroladas, crescimento retardado ou amarelecimento precoce são sintomas típicos [s94]. Reaja a isso com irrigação ajustada, mas evite reações exageradas - água em excesso pode ser tão prejudicial quanto a falta dela. Em caso de seca prolongada e possíveis restrições de irrigação [s97], é aconselhável utilizar a água disponível de forma otimizada. Colete água da chuva em barris ou utilize, sempre que possível, água cinza tratada para irrigação. No entanto, sempre considere a qualidade da água, pois altos níveis de sal podem prejudicar as plantas [s91].

### 2. 2. 3. Sombreamento e proteção solar

O equilíbrio correto entre luz solar e sombra é crucial para o cultivo bem-sucedido em canteiros elevados durante o verão. Especialmente na fase de cultivo e adaptação de plantas jovens, a proteção solar desempenha um papel importante [s98]. Mudas que vêm diretamente do cultivo em casa devem ser gradualmente acostumadas à intensa radiação solar. Esse processo é chamado de aclimatação e deve ser realizado de forma gradual. Comece com uma hora de luz solar por dia e aumente a duração diariamente em cerca de uma hora [s98]. Enquanto isso, as plantas devem ser colocadas em um local claro e sombreado. Uma dica prática é usar elementos de sombreamento móveis, como tecido não tecido ou leves toalhas de jardim, que podem ser ajustados conforme a posição do sol e as condições climáticas. Os diferentes tipos de sombra têm impactos variados no crescimento das plantas. Faz-se a distinção entre sombra leve (4-6 horas de luz solar direta), sombra aberta (pouca ou nenhuma luz solar direta), sombra filtrada (2-3 horas de luz solar através das copas das árvores) e sombra profunda (sem luz solar direta) [s99]. Essa distinção é importante para o planejamento do seu canteiro elevado. Utilize, por exemplo, a sombra natural de árvores ou edifícios para criar diferentes zonas de sombra. As condições do solo variam significativamente de acordo com a sombreamento. Áreas sombreadas permanecem úmidas e frescas por mais tempo [s99], o que deve ser considerado no planejamento da irrigação. Uma abordagem prática é a instalação de vasos de plantas maiores em áreas ensolaradas, pois isso permite um melhor controle sobre a irrigação [s100]. Curiosamente, as plantas demonstram uma notável capacidade de adaptação a condições de luz alteradas [s101]. Se você precisar mudar o sombreamento do seu canteiro elevado, por exemplo, removendo uma árvore, as plantas podem se acostumar à nova situação após um período de transição. Apoie esse processo com sombreamento temporário e irrigação adequada. Para a implementação prática, recomenda-se um sistema de sombreamento modular. Instale, por exemplo, redes de sombreamento em postes flexíveis que podem ser ajustados conforme a posição do sol e a estação do ano. Uma alternativa econômica são os sombreados feitos em casa a partir de tapetes de bambu ou tecidos permeáveis ao ar. A escolha das plantas certas para as respectivas condições de luz é crucial. Espécies nativas costumam ser a melhor escolha, pois estão naturalmente adaptadas às condições locais [s99]. Observe o percurso do sol sobre o seu canteiro elevado e documente as reações de diferentes plantas a diferentes condições de luz. Outra dica prática é a criação de mikroklimata dentro do canteiro elevado. Plantas mais altas podem servir como sombreadoras naturais para espécies mais baixas que preferem sombra. Esse design vertical não apenas maximiza o uso do espaço disponível, mas também cria condições de crescimento ideais para diferentes espécies de plantas. Não se esqueça de que o sombreamento também tem efeitos colaterais positivos: reduz a evaporação, protege o solo da desidratação e pode diminuir a frequência da irrigação necessária. Um conceito de sombreamento bem pensado é, portanto, não apenas importante para a saúde das plantas, mas também contribui para uma jardinagem sustentável e que economiza água.

## Glossário

**Aclimatação**

Um importante processo de adaptação em plantas, onde elas são gradualmente acostumadas a novas condições ambientais. Isso fortalece sua resistência e melhora suas chances de sobrevivência.

## 2. 2. 4. Cultivo subsequente e segundo plantio

A utilização eficiente da área de cultivo através de cultivo subsequente e segundo plantio é um aspecto importante da jardinagem em canteiros elevados. Esses métodos permitem maximizar o tempo de colheita e colher vegetais frescos ao longo de toda a temporada [s102]. Uma estratégia central é a semeadura escalonada, onde a mesma cultura é plantada em intervalos regulares. Isso se mostrou especialmente eficaz, por exemplo, com rabanetes, que podem ser semeados a cada duas semanas em fileiras curtas [s103]. Esse método não apenas evita a superprodução, mas também garante uma colheita contínua ao longo de um período mais longo [s104]. Para o planejamento do cultivo subsequente, é essencial conhecer os tempos de crescimento das diferentes espécies de vegetais. Muitos vegetais de clima frio precisam apenas de 25-60 dias até a colheita, o que permite um plantio flexível [s104]. Um exemplo prático é a combinação de culturas precoces e tardias: após a colheita de vegetais precoces como rabanetes e espinafre, feijões-de-corda podem ser plantados como cultivo subsequente [s102]. A segunda semeadura no final do verão requer atenção especial. Aqui, plantas de verão são tipicamente substituídas por espécies resistentes ao frio, que também conseguem lidar com horas de luz do dia mais curtas e leves geadas [s105]. Para uma colheita de outono bem-sucedida, o planejamento do tempo é crucial: conte a partir da data esperada da primeira geada e planeje também duas semanas de margem para a maturação [s105]. Um método particularmente eficiente é a plantação acompanhante, onde plantas com diferentes tempos de maturação são combinadas [s106]. Assim, por exemplo, culturas de crescimento rápido podem ser plantadas ao lado de plantas de maturação lenta. As plantas mais rápidas são colhidas antes que as mais lentas desenvolvam sua necessidade total de espaço. Esse método não apenas otimiza o uso da área, mas também reduz o consumo de água e o trabalho de cuidado [s104]. Antes de cada cultivo subsequente, o solo deve ser enriquecido com adubo orgânico, pois várias colheitas em uma temporada aumentam a demanda por nutrientes [s105]. Uma dica prática é o plantio em blocos em vez de fileiras, o que otimiza tanto o espaço quanto o consumo de água [s104]. Nem todas as espécies de vegetais são igualmente adequadas para cultivos subsequentes [s107]. São especialmente adequadas variedades de crescimento rápido, como diferentes folhas verdes, vegetais de raiz e rúcula, que podem ser cultivadas durante todo o ano [s103]. Após a colheita de couve-flor, por exemplo, alface ou cebolas podem ser estabelecidas como cultivo subsequente [s103]. Uma estratégia comprovada é a semeadura dupla de ervilhas - uma na primavera e outra no final do verão - o que permite tanto uma colheita precoce quanto uma de outono [s102]. Esse método pode ser aplicado a muitas outras espécies de vegetais tolerantes ao frio. Para a implementação prática, recomenda-se manter um calendário de jardinagem, onde os tempos de semeadura, plantio e colheita são anotados. Isso não apenas ajuda no planejamento dos cultivos subsequentes, mas também permite uma otimização da rotação de culturas para a próxima temporada. A combinação de diferentes métodos de cultivo subsequente - seja a semeadura escalonada da mesma cultura, a sequência de diferentes plantas ou o cultivo simultâneo de plantas com diferentes tempos de maturação - permite uma utilização ótima da área de cultivo e um fornecimento contínuo de vegetais frescos [s105].

*legumes precoces* [i14]

*legumes de raiz* [i15]

Glossário

**Cultivo subsequente**

Método de cultivo onde, após a colheita de uma planta, uma nova cultura é plantada na mesma área. Permite até três colheitas por ano na mesma área.

**Plantação acompanhante**

Técnica de cultivo onde plantas com diferentes alturas e profundidades de raiz são colocadas lado a lado de forma planejada, para otimizar o espaço disponível.

## 2. 2. 5. Sistemas de suporte para plantas trepadeiras

Os sistemas de suporte são indispensáveis para muitas plantas trepadeiras em canteiros elevados, permitindo não apenas uma utilização eficiente do espaço, mas também uma melhor colheita e cuidado das plantas [s108]. A escolha do sistema adequado depende de vários fatores, como tipo de planta, espaço disponível e orçamento.

Basicamente, podem ser diferenciados vários tipos principais de sistemas de suporte [s109]:

- Sistemas de encaixe simples feitos de madeira, bambu ou metal (mínimo de 1,2 m de altura)
- Estruturas de cercas e malhas de arame
- Gaiolas para plantas em várias versões
- Sistemas de espaldeira profissionais

Uma solução especialmente econômica e flexível é o sistema de cordas [s110]. Neste caso, postes de madeira com travessas são instalados nas extremidades das fileiras, dos quais cordas levam até as plantas individuais. Cordas de juta ou fibras naturais, que são compostáveis, oferecem boa sustentação às plantas e podem ser facilmente descartadas após a colheita. Para plantas de frutos pesados, como certas variedades de abóbora ou grandes tomates, são necessárias construções mais robustas [s108]. Aqui, recomenda-se espaldeiras robustas com laços de suporte adicionais que podem suportar o peso dos frutos maduros. Uma dica prática: posicione os sistemas de suporte para essas plantas antes do plantio para evitar danos às raízes posteriormente. Na instalação de sistemas de painel [s111], os postes devem ser ancorados a uma distância adequada e em profundidade suficiente. Os práticos painéis de 2,1 metros são mais fáceis de montar do que materiais em rolo. Se necessário, a altura pode ser aumentada com painéis adicionais - é importante, então, usar postes correspondentes mais longos. Soluções criativas podem valorizar ainda mais o jardim [s112]. Espaldeiras artisticamente projetadas não apenas embelezam a horta, mas também podem temporariamente grelhar paredes ou cercas nuas. Uma variante tradicional e sustentável é o método "Três Irmãs", onde o milho serve como suporte natural para os feijões. Plantas de crescimento rápido, como ervilhas doces [s113], podem alcançar taxas de crescimento surpreendentes de até 30 cm por semana com um bom suporte. Para elas, estruturas verticais ou espaldeiras que são ancoradas diretamente no vaso ou canteiro são especialmente adequadas. Ao escolher o material, é importante notar que nem todas as plantas trepadeiras têm os mesmos requisitos. Enquanto algumas espécies, como abobrinhas, não possuem gavinhas reais [s114] e precisam de fixação adicional, outras podem se enroscar sozinhas em treliças. Para abobrinhas, recomenda-se a instalação de uma travessa horizontal na estrutura, onde as plantas podem ser fixadas com arame. Um aspecto prático importante é a facilidade de manutenção do sistema. Construções em gaiola [s109] são inicialmente mais caras, mas duram muitos anos e requerem pouca manutenção. No caso de sistemas de encaixe simples, é necessário amarrar regularmente. Para iniciantes, recomenda-se começar com sistemas robustos e pré-montados do centro de jardinagem [s111]. Estes geralmente são bem planejados e fáceis de instalar. Com a experiência crescente, soluções mais personalizadas podem ser desenvolvidas.

*Sistemas de suporte* [i16]

**Resumo - 2. 2. Cultivo de Verão**

- Vegetais que amam calor necessitam de 4 a 8 semanas de pré-cultivo antes da última geada da primavera.
- Berinjelas podem ser plantadas em regiões do norte até agosto, enquanto nas do sul, apenas até março.
- Feijões-de-bush estão prontos para a colheita cerca de 5 semanas após o plantio e enriquecem o solo através da fixação de nitrogênio.
- A necessidade de água das plantas de hortaliças varia de 2,5 a 5 cm por semana e aumenta significativamente com o calor.
- Camadas de mulch com espessura de 5 a 10 cm podem reduzir a necessidade de água em até 50%.
- Os diferentes tipos de sombra (sombra leve, sombra aberta, sombra filtrada, sombra profunda) têm impactos variados no crescimento das plantas.
- Para a cultura subsequente, devem ser planejados de 25 a 60 dias de tempo de crescimento, além de duas semanas de margem antes da primeira geada.
- Plantas trepadeiras de crescimento rápido, como ervilhas doces, podem alcançar taxas de crescimento de até 30 cm por semana.
- Estruturas de gaiola como sistemas de suporte são mais duráveis, mas mais caras do que sistemas de corda flexíveis feitos de materiais compostáveis.
- O método das "Três Irmãs" utiliza milho como suporte natural para os feijões.

## 2. 3. 0. Cultivo de Inverno

Como é possível utilizar o jardim de forma ideal também na época fria do ano? Quais variedades de vegetais são adequadas para o cultivo no inverno e como proteger as plantas do frio e das geadas? Essas questões preocupam muitos jardineiros amadores que desejam cultivar sua horta elevada durante todo o ano. O cultivo de inverno oferece oportunidades interessantes para colher vegetais frescos mesmo na temporada aparentemente "morta". Não apenas a escolha de variedades resistentes ao inverno desempenha um papel importante, mas também medidas de proteção bem pensadas e o armazenamento adequado da colheita. Com o conhecimento apropriado, é possível prolongar significativamente o período de colheita e o jardim se torna uma fonte de vegetais durante todo o ano. As seções a seguir apresentam métodos testados na prática para um cultivo de inverno bem-sucedido em hortas elevadas - desde a escolha das variedades até técnicas eficazes de hibernação e o armazenamento adequado da sua colheita.

*„As plantas da família das couves podem suportar temperaturas negativas surpreendentes de até -12°C, sendo que, em algumas variedades, o sabor até melhora após uma leve geada."*

## 2. 3. 1. Variedades de vegetais resistentes ao inverno

As variedades de vegetais resistentes ao inverno oferecem aos jardineiros amadores a oportunidade de colher vegetais frescos de seu próprio jardim, mesmo durante a estação fria. Essas plantas robustas são especialmente adaptadas a temperaturas baixas e podem, em parte, suportar até geadas leves [s115]. Particularmente, as plantas da família do repolho mostraram-se extremamente resistentes ao inverno. Elas podem tolerar temperaturas negativas surpreendentes de até -12°C, e em algumas variedades, o sabor até melhora após uma leve geada [s116]. Para garantir uma colheita bem-sucedida no inverno, o momento certo para a semeadura é crucial. Como regra geral, as sementes devem ser plantadas cerca de 100 dias antes da primeira geada esperada [s116]. Na prática, isso significa que, para a maioria das regiões, a semeadura deve ocorrer no final de julho ou início de agosto. Entre os vegetais de folhas resistentes ao inverno, destacam-se principalmente o couve, espinafre e acelga [s117]. Essas variedades podem ser semeadas já no início da primavera e fornecem vitaminas frescas até bem entrada a estação fria. Recomenda-se escalonar a semeadura - ou seja, semear uma pequena quantidade a cada duas ou três semanas - para garantir um rendimento contínuo da colheita. Vegetais de raiz, como cenouras, pastinacas e beterrabas, também prosperam excepcionalmente bem na estação mais fria [s117]. Eles desenvolvem um sabor mais intenso e um maior teor de açúcar em temperaturas mais baixas. Para o cultivo, é importante um solo profundo e livre de pedras. Para otimizar o crescimento, o solo deve ser solto a uma profundidade de cerca de 30 cm antes da semeadura. O alho ocupa uma posição especial, sendo idealmente plantado no outono [s117]. Os dentes são enterrados a cerca de 5 cm de profundidade e já desenvolvem as primeiras raízes antes do inverno. Na primavera, eles brotam vigorosamente e podem ser colhidos no início do verão. Para um cultivo bem-sucedido no inverno, a localização desempenha um papel central. As plantas precisam de um local ensolarado com solo bem drenado e rico em nutrientes [s116]. Na prática, é eficaz misturar ao solo composto bem decomposto antes do plantio. Devem ser incorporados cerca de 3-4 litros por metro quadrado. Para proteger as plantas de condições climáticas extremas, podem ser utilizadas várias coberturas [s115]. Vlies, túneis de plástico ou caixas de cultivo criam um mikroklima protegido e prolongam significativamente o período de colheita. Estas devem ser ventiladas ao sol para prevenir doenças fúngicas. Vegetais perenes, como aspargos e ruibarbo, representam uma categoria especial [s117]. Após o plantio único e a bem-sucedida estabilização, eles requerem pouca manutenção e fornecem colheitas confiáveis por muitos anos. No outono, essas plantas são protegidas com uma camada espessa de cobertura de folhas ou palha. Ao escolher variedades de plantas da família do repolho, deve-se prestar atenção a variantes resistentes a doenças, pois essa família de plantas é suscetível a várias doenças fúngicas [s116]. Uma boa prevenção também é a observância de uma rotação de culturas de pelo menos quatro anos, na qual as plantas da família do repolho não são cultivadas na mesma área. Para iniciantes, variedades especialmente robustas como couve, rúcula e alface de campo são recomendadas [s118]. Essas plantas toleram pequenos erros na condução da cultura e ainda fornecem colheitas satisfatórias mesmo em condições subótimas. Outra vantagem: podem ser colhidas continuamente, colhendo sempre apenas as folhas externas, enquanto a planta continua a crescer.

## Glossário

**Rotação de Culturas**

Um sistema de planejamento de cultivo onde diferentes espécies de plantas são cultivadas em uma sequência temporal definida na mesma área, para evitar a fadiga do solo

## 2. 3. 2. Técnicas de hibernação

A bem-sucedida hibernação de plantas hortícolas em canteiros elevados requer medidas de proteção bem pensadas e os cuidados adequados. A escolha dos materiais de cobertura apropriados é especialmente importante, pois devem ser utilizados de maneira diferente, dependendo das condições climáticas e do tipo de planta [s119]. Um método comprovado é o uso de coberturas de tecido não tecido, que podem ser aplicadas já nos meses de verão tardio para manter pragas afastadas das plantas [s120]. Para os meses de inverno, é aconselhável esticar o tecido em arcos, criando um espaço de ar protegido sobre as plantas. Isso evita que as plantas entrem em contato direto com o material frio durante as geadas. Ao instalar os arcos, deve-se garantir que estejam firmemente ancorados no solo e que possam suportar o peso de uma possível neve. Uma alternativa ou complemento ao tecido não tecido são coberturas plásticas [s120]. Estas oferecem uma proteção ainda melhor contra o frio e criam um mikroklima mais quente. No entanto, ao usar filmes plásticos, é necessário ter atenção especial à irrigação: ao contrário do tecido não tecido, a chuva não pode penetrar no material, tornando a irrigação manual indispensável. Um erro comum entre iniciantes é subestimar a necessidade de água das plantas [s120]. Portanto, é aconselhável verificar regularmente o teor de umidade do solo e irrigar de forma direcionada, se necessário. Para a hibernação, a regra geral é que plantas semeadas devem permanecer em seu local original, sempre que possível [s119]. Transplantar pouco antes ou durante o inverno enfraquece as plantas e reduz significativamente suas chances de sobrevivência. Para espécies particularmente sensíveis, pode ser útil cultivá-las em vasos [s119]. Isso oferece a vantagem de que as plantas podem ser movidas para áreas mais protegidas em condições climáticas extremas. Além disso, algumas espécies de plantas em vasos são menos suscetíveis a pragas do solo. Na implementação prática das medidas de hibernação, deve-se prestar especial atenção à ventilação. Em dias ensolarados de inverno, a condensação pode se formar rapidamente sob as coberturas, aumentando o risco de doenças fúngicas. Portanto, é aconselhável abrir temporariamente as coberturas em temperaturas mais amenas e sob luz solar, garantindo uma troca de ar adequada. Isso pode ser feito, por exemplo, levantando as extremidades dos filmes ou dobrando parcialmente o tecido não tecido.

Outro aspecto importante é a verificação das coberturas após tempestades ou quedas de neve intensa. Danos devem ser reparados imediatamente para manter a função de proteção. É útil já no outono ter material de reposição à mão para poder reagir rapidamente, se necessário. A combinação de várias técnicas de hibernação pode ser especialmente eficaz. Por exemplo, uma camada interna de tecido não tecido pode ser combinada com uma camada externa de filme, garantindo tanto um bom equilíbrio de umidade quanto uma proteção ideal contra o frio. No entanto, ao planejar tais coberturas múltiplas, deve-se ter cuidado para que a construção não fique muito pesada e não danifique as plantas com seu peso.

*coberturas de plástico* [i17]

## 2. 3. 3. Proteção contra frio e cobertura

No inverno, uma proteção eficaz contra o frio é essencial para suas plantas no canteiro elevado. Isso não depende apenas da escolha correta dos materiais de cobertura, mas também da combinação habilidosa e da aplicação otimizada em termos de tempo. Um método comprovado para noites especialmente frias é o uso de uma camada dupla de tela [s121]. Aqui, uma primeira camada de tela é colocada diretamente sobre as plantas, seguida por uma segunda camada com um pouco de espaço acima. Na prática, é eficaz instalar a segunda camada em pequenos suportes ou arcos, criando um espaço de ar isolante. Essa técnica pode ser aplicada, por exemplo, em variedades de alface mais sensíveis ou em vegetais de folhas jovens. Em caso de geadas ocasionais, lençóis de algodão velhos também são uma alternativa econômica [s122]. Certifique-se de que a cobertura não toque diretamente nas plantas, pois isso pode causar danos por frio. Uma dica prática: estique os lençóis sobre varas de bambu dispostas em cruz ou arcos de metal leves. Para vegetais de raiz como cenouras ou beterrabas, uma camada adicional de cobertura é especialmente importante [s122]. A cobertura deve ser aplicada generosamente ao redor das plantas e pode ser feita de vários materiais, como palha, folhas ou composto. Essa camada de proteção não apenas impede que o solo congele, mas também mantém a umidade de forma uniforme. Um instrumento particularmente eficaz para a proteção contra o frio é o quadro frio (também chamado de estufa baixa) [s123]. Este deve ser instalado pelo menos duas semanas antes da semeadura de variedades de vegetais precoces, para que o solo possa aquecer adequadamente. Para otimizar o isolamento, você pode preencher os espaços com folhas, cobertura adicional ou até mesmo papel amassado [s123]. Uma vantagem prática do quadro frio é que ele mantém o solo mais seco e macio, o que reduz o risco de apodrecimento, especialmente em vegetais de raiz. Curiosamente, a neve também pode servir como um isolante natural [s122]. Uma camada de neve fechada mantém a temperatura constante em cerca de 0 graus Celsius. No entanto, ela também reduz a quantidade de luz disponível para as plantas. Portanto, em caso de cobertura de neve prolongada, você deve verificar regularmente se suas plantas estão recebendo luz suficiente. Para uma proteção ideal contra o frio, o tempo certo também é crucial [s124]. Como a maioria das plantas cresce muito lentamente no inverno, você deve planejar cuidadosamente a semeadura e o plantio. É especialmente importante aclimatar as mudas antes do transplante [s125]. Acostume as plantas jovens gradualmente a temperaturas mais baixas, colocando-as do lado de fora durante períodos cada vez mais longos durante o dia. Ao usar coberturas de plástico ou vidro, deve-se ter cuidado especial [s122]. Esses materiais oferecem uma excelente proteção contra o frio, mas podem causar danos por frio se entrarem em contato direto com as plantas. Uma dica prática é usar pequenos espaçadores ou suportes que garantam um espaço de ar entre as plantas e a cobertura. Para controle de pragas, gaiolas ou outras barreiras podem ser instaladas adicionalmente [s121]. Isso é especialmente importante ao usar quadros frios, pois eles podem se tornar abrigos populares para hóspedes indesejados. Preste atenção especial a uma boa vedação de todas as juntas e transições.

## Glossário

**Quadro Frio**

Uma construção baixa em forma de caixa com cobertura transparente, que funciona como uma mini estufa. Esta técnica foi originalmente desenvolvida na Inglaterra no século 19.

**Tela**

Um tecido especial, permeável ao ar, feito de polipropileno ou poliéster, disponível em várias espessuras e caracterizado por seu baixo peso e alta resistência à rasgo.

### 2. 3. 4. Legumes de Armazenamento

Os legumes de armazenamento desempenham um papel central na autossuficiência a partir da horta elevada, pois permitem conservar a colheita durante os meses de inverno. O armazenamento adequado começa já na colheita: os legumes devem ser colhidos em um dia seco, quando as plantas não estão mais orvalhadas [s126]. Isso evita que a umidade se forme posteriormente no armazenamento, resultando em mofo. Para um armazenamento bem-sucedido, a preparação do espaço de armazenamento é crucial. Idealmente, devem ser utilizados espaços frescos, escuros e bem ventilados, como porões ou despensas. A temperatura deve permanecer constante entre 2 e 10°C, sendo que diferentes tipos de legumes têm diferentes temperaturas ideais de armazenamento. Uma dica prática é a criação de diferentes zonas de armazenamento: legumes de raiz, como cenouras e beterrabas, podem ser enterrados em areia úmida, enquanto cebolas e alho preferem um ambiente seco e arejado. Um método comprovado é o empilhamento de legumes de raiz em caixas com areia. Os legumes devem ser colocados de forma que não se toquem, o que previne a decomposição. A areia deve estar ligeiramente úmida - um teste simples é o "teste da pressão da mão": ao apertar a areia, ela deve manter a forma, mas não deve soltar água. Este método é especialmente adequado para cenouras, pastinacas e beterrabas. A organização do espaço de armazenamento deve seguir o princípio de "First-in-First-out" [s127]. Isso significa que os legumes colhidos primeiro devem ser consumidos primeiro. Na prática, isso pode ser implementado rotulando as caixas de armazenamento e colocando a nova colheita na parte de trás. Outro aspecto importante é o controle regular dos legumes armazenados. Exemplares danificados devem ser removidos imediatamente, pois podem "contaminar" os outros. Para variedades de repolho, como repolho branco ou roxo, a suspensão tem se mostrado um método de armazenamento eficaz. As cabeças são penduradas com os talos para cima, garantindo uma circulação de ar ideal. As folhas externas podem murchar um pouco, mas protegem a cabeça interna. Um método alternativo de conservação é a conserva [s128]. Beterrabas, pepinos e várias variedades de repolho são especialmente adequados para isso. Ao fazer conservas, é fundamental garantir a limpeza absoluta dos recipientes, e a salmoura deve ter a proporção correta de sal ou vinagre. Uma receita comprovada é uma salmoura de 5% para legumes fermentados. Alguns tipos de legumes, como abóboras, requerem atenção especial durante o armazenamento. Elas devem amadurecer por duas semanas a cerca de 20°C e podem ser armazenadas a 10-15°C. É importante que a base do talo esteja completamente curada para evitar a decomposição. Para um planejamento ideal do armazenamento, deve-se considerar a quantidade esperada de colheita já no momento da semeadura [s129]. É importante ter em mente o espaço de armazenamento disponível e escalonar a semeadura de acordo. Assim, pode-se evitar que muitos legumes amadureçam ao mesmo tempo e possivelmente estraguem, pois não podem ser armazenados de forma ideal.

*porão* [i18]

*vegetais de armazenamento* [i19]

**First-in-First-out**

Um princípio de armazenamento da administração, onde os produtos armazenados primeiro são retirados primeiro. Isso evita que os produtos fiquem armazenados por muito tempo e se tornem perecíveis.

## 2. 3. 5. Preparações para a primavera

As preparações para a nova temporada de jardinagem começam idealmente nas últimas semanas de inverno. Um planejamento cuidadoso é a chave para o sucesso [s130]. Comece com uma avaliação e documentação detalhadas: crie um desenho do jardim, onde você registre a incidência de luz solar e as áreas de sombra ao longo do dia. Esta documentação ajudará você a determinar os locais ideais para diferentes plantas [s130]. Um importante primeiro passo prático é a limpeza dos canteiros. Remova restos de plantas antigas, especialmente material doente, pois este pode abrigar patógenos e pragas [s131]. A subsequente revolvimento do solo pode ajudar a reduzir pragas que hibernam e patógenos. Preste atenção especial para que o solo não esteja muito úmido - ele deve ser esfarelado e não grudar ao ser revolvido. Para um início antecipado na temporada, a criação de uma cama quente é uma boa opção. Esta funciona através de uma mistura especial de estrume de cavalo e composto, que gera calor por meio de processos naturais de decomposição. A temperatura nesta mistura pode inicialmente atingir 52-66°C [s132]. É importante plantar apenas na camada superior do composto e não na área do estrume. Ao usar estrume de cavalo, certifique-se de que o feno não foi tratado com herbicidas [s132]. A temperatura do solo desempenha um papel central na preparação da primavera. Um termômetro de solo é, portanto, um investimento sensato. As primeiras variedades tolerantes ao frio podem ser plantadas a partir de 7°C de temperatura do solo. A 13°C, o espectro se expande para beterrabas, brócolis e pastinacas [s130]. Para culturas que gostam de calor, como feijões ou tomates, a temperatura do solo deve ser de pelo menos 21-24°C. Um método eficaz para a preparação do solo é a solarização, especialmente se houver problemas com nematoides [s133]. Neste processo, o solo é coberto com um filme transparente, o que aumenta a temperatura do solo e reduz pragas. Em alguns canteiros, pode ser útil cultivar plantas de cobertura para preparar o solo para futuras plantações [s133]. Ao escolher variedades para a primavera, preste atenção especial à indicação "Dias até a colheita". Escolha variedades com um tempo de maturação de no máximo 60 dias para o cultivo precoce [s134]. Para algumas culturas, como brócolis e couve-flor, é recomendável trabalhar com mudas pré-cultivadas [s134]. A melhoria do solo é outro aspecto importante da preparação para a primavera. Assim que o solo não estiver mais congelado, a calagem pode ser realizada para regular o pH [s131]. Idealmente, faça uma análise do solo antes para determinar a necessidade real. Para iniciantes, é aconselhável começar experimentando com variedades de vegetais anuais [s130]. Isso permite acumular experiências e descobrir quais plantas se desenvolvem melhor nas condições locais. Documente suas experiências cuidadosamente - essas anotações se mostrarão valiosas nos anos seguintes [s131].

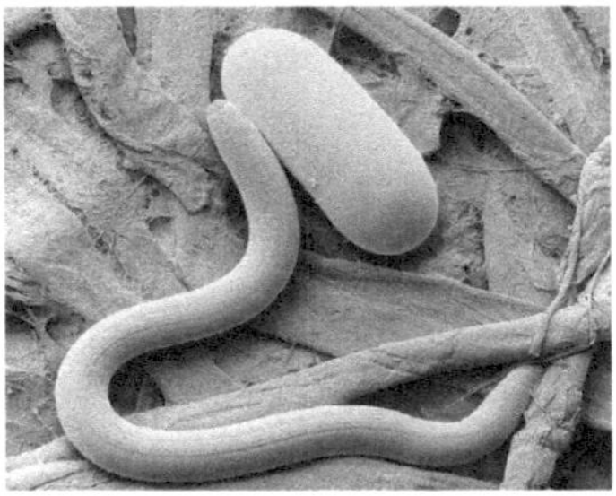

*Nematoides* [i20]

**Nematoide**

Vermes microscópicos que podem infestar as raízes das plantas como pragas. No entanto, algumas espécies também são benéficas e ajudam no controle de pragas.

**Patógeno**

Agentes patogênicos como bactérias, vírus ou fungos que podem causar doenças nas plantas. Eles podem sobreviver no solo por vários anos e se multiplicar rapidamente em condições favoráveis.

**Solarização**

Um método de desinfecção natural do solo através da luz solar, onde a temperatura do solo pode subir até 50°C. É utilizado principalmente em regiões mais quentes e requer pelo menos 4-6 semanas de luz solar para resultados ótimos.

**Resumo - 2. 3. Cultivo de Inverno**

- Plantas de couve resistentes ao inverno sobrevivem a temperaturas de até -12°C, sendo que o sabor muitas vezes melhora após uma leve geada. A semeadura para vegetais de inverno deve ser realizada cerca de 100 dias antes da primeira geada esperada. Para cada metro quadrado, devem ser incorporados 3-4 litros de composto bem decomposto ao solo. Uma camada dupla de tecido com espaço de ar entre elas oferece proteção ideal contra o frio. As estufas frias devem ser montadas pelo menos duas semanas antes da semeadura, para que o solo possa aquecer. Uma camada de neve fechada mantém a temperatura do solo constante em cerca de 0 graus Celsius. A temperatura na cama quente pode inicialmente atingir de 52 a 66°C devido a processos de decomposição. As primeiras variedades tolerantes ao frio podem ser plantadas com uma temperatura do solo de 7°C. Para culturas que preferem calor, a temperatura do solo deve ser de pelo menos 21-24°C. Para o cultivo precoce, são especialmente adequadas variedades com um tempo de maturação de no máximo 60 dias.

**Revisão - 2. Cultivo de Vegetais ao Longo do Ano**

- A preparação do solo na primavera requer um levantamento detalhado e limpeza do canteiro elevado, sendo que material vegetal doente não deve ser colocado na compostagem normal.
- Uma camada de 10-15 cm de composto de alta qualidade deve ser incorporada nos 30-38 cm superiores do solo.
- A cada três anos, é recomendável realizar uma análise profissional do solo.
- As primeiras semeaduras podem ocorrer duas a três semanas antes da última geada.
- Para uma colheita contínua, recomenda-se uma semeadura escalonada a cada duas a três semanas.
- Proteção eficaz contra geadas por meio de mini-estufas pode oferecer uma vantagem de temperatura de três a seis graus Celsius.
- Vegetais que necessitam de calor, como tomates e pimentões, requerem temperaturas mais altas para um crescimento ideal e devem ser plantados apenas após a última geada.
- A frequência de irrigação deve ser ajustada ao tipo de solo - solos arenosos necessitam de rega mais frequente do que solos argilosos.
- Um sistema de irrigação por gotejamento pode reduzir o consumo de água em até 50%.
- Para a hibernação, as couves são especialmente adequadas, pois suportam temperaturas de até -12°C.
- O armazenamento de vegetais de raiz é ideal em areia úmida, com temperaturas constantes entre 2 e 10°C.
- Enquanto alguns ainda se preocupam com o armazenamento ideal da colheita de inverno, os jardineiros mais inovadores já estão experimentando métodos de cultivo especiais que podem maximizar a produção em pequenos espaços...

# 3. 0. 0. Métodos Especiais de Cultivo

Métodos de cultivo especiais abrem possibilidades fascinantes para utilizar de forma otimizada a área limitada de uma horta elevada. Mas quais técnicas são especialmente adequadas para iniciantes? Como estruturar inteligentemente o espaço disponível? E qual é o papel de métodos tradicionais, como a consorciação de culturas, ou abordagens modernas, como a jardinagem vertical? O desenvolvimento de técnicas de cultivo eficientes tem uma longa história - desde os intensivos jardins de vegetais do século XIX até os sistemas que economizam espaço das fazendas urbanas em telhados. Nesse processo, princípios se destacaram que também permitem colheitas surpreendentes em pequena escala. Este capítulo destaca métodos de cultivo comprovados e inovadores que são especialmente adequados para hortas elevadas. O foco está em soluções práticas que podem ser implementadas com um esforço gerenciável. As técnicas apresentadas se baseiam umas nas outras e podem ser combinadas de forma flexível - uma chave importante para o sucesso sustentável na jardinagem.

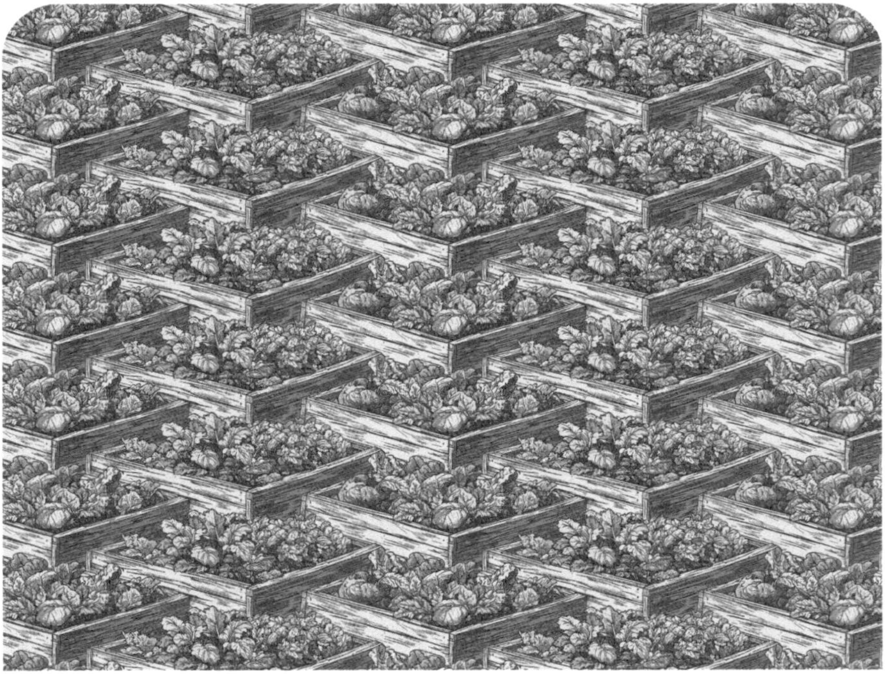

### 3. 1. 0. Uso Intensivo

Como aproveitar ao máximo a área limitada de um canteiro elevado? Quais métodos permitem explorar o espaço disponível de forma eficiente? O uso intensivo de canteiros elevados oferece possibilidades fascinantes para aumentar significativamente a produção, ao mesmo tempo em que se pratica uma jardinagem sustentável. Enquanto os métodos tradicionais de cultivo geralmente preveem apenas uma única cultura por estação e área, técnicas de intensificação bem planejadas podem aumentar a produtividade de forma exponencial. Nesse contexto, não apenas a dimensão horizontal, mas também a vertical desempenha um papel importante. Desde a combinação inteligente de diferentes plantas até sistemas de cultivo em camadas elaborados - as possibilidades são diversas. As seções a seguir apresentam métodos testados na prática, mostrando como você pode explorar ao máximo o potencial do seu canteiro elevado por meio de planejamento inteligente e técnicas de cultivo inovadoras.

> *„Métodos tradicionais de cultivo podem ser superados em até cinco vezes por técnicas modernas de intensificação, e em até quinze vezes para variedades menores de vegetais.“*

### 3. 1. 1. Uso múltiplo das áreas

A utilização eficiente de áreas de jardim é um princípio chave da jardinagem intensiva, que permite aumentos de rendimento surpreendentes. Métodos tradicionais de cultivo podem ser superados em até cinco vezes, e em variedades menores de vegetais, até quinze vezes, por técnicas modernas de intensificação [s135]. Uma estratégia central é a utilização vertical do espaço. Com o uso inteligente de treliças, redes e suportes, plantas trepadeiras como feijões, ervilhas ou pepinos podem crescer para cima [s136]. Isso não apenas economiza até 75% da área de base [s137], mas também permite uma melhor utilização da luz solar. Ao planejar estruturas verticais, deve-se ter cuidado para que plantas mais altas não façam sombra sobre as mais baixas. Uma dica prática é posicionar os suportes na orientação norte-sul, para que todas as plantas recebam luz suficiente. O método intensivo francês utiliza o espaço disponível de forma particularmente eficiente, plantando as plantas de duas a cinco vezes mais próximas do que o habitual [s138]. As plantas são colocadas tão próximas que suas folhas se tocam. Isso cria um mikroklima favorável e reduz o crescimento de ervas daninhas e a evaporação da água. Na implementação, é importante que os canteiros não sejam mais largos do que 1,2 metros, para que se possa alcançar o centro confortavelmente, sem pisar no solo [s138]. Outra técnica eficaz é o método de pé quadrado, onde os canteiros são divididos em quadrados de 30x30 cm [s139]. Dependendo do tamanho da planta, podem ser plantadas diferentes quantidades de plantas por quadrado - desde uma única planta de repolho até 16 rabanetes. Para a implementação prática, recomenda-se esticar uma grade de cordas e marcar os espaços com um bastão de plantio. Particularmente inteligente é a técnica de cultivo intercalar: vegetais de rápido crescimento, como rabanetes ou alface, são plantados entre culturas de crescimento lento, como abóbora ou repolho [s137]. Assim, o tempo até que a cultura principal utilize completamente o espaço é otimizado. Um exemplo comprovado é semear rabanetes entre plantas de tomate - até que os tomates cresçam, os rabanetes já podem ser colhidos. O replantio é outro aspecto importante da otimização de áreas. Assim que uma cultura é colhida, o espaço é imediatamente ocupado por uma nova planta [s140]. Deve-se observar a fruchtfolge e, por exemplo, plantar após culturas que consomem nitrogênio, como repolho, plantas que enriquecem o solo, como feijões ou ervilhas. A combinação de diferentes alturas de plantas permite uma utilização tridimensional do espaço [s141]. Na prática, isso significa colocar plantas altas, como tomates, no centro do canteiro, plantas de altura média, como acelga, na área intermediária e plantas baixas, como morangos, nas bordas. Essa estratificação não apenas maximiza a utilização da área, mas também cria diferentes microclimas. Para jardineiros urbanos, a jardinagem em contêineres oferece oportunidades adicionais de utilização de áreas [s136]. Varandas, terraços ou até mesmo paredes de casas podem ser transformados em áreas de jardim produtivas através da combinação inteligente de recipientes e elementos verticais. Os contêineres devem ser posicionados de forma que diferentes alturas de plantas sejam combinadas de maneira ideal. A método biointensivo vai ainda mais longe e maximiza a utilização da área através do arranjo preciso de sementes e mudas [s139]. As plantas são dispostas em um arranjo triangular, o que permite uma maior densidade de plantio com distribuição ideal de nutrientes e luz. Para a implementação prática, recomenda-se o uso de moldes ou bastões de plantio com marcações correspondentes.

## Glossário

**Arranjo Triangular**
Arranjo de plantio onde as plantas são dispostas em forma de triângulos equiláteros, permitindo acomodar cerca de 15% mais plantas por área do que em arranjos quadrados

**Método Biointensivo**
Método de jardinagem baseado nos princípios de arejamento do solo, compostagem e plantio denso, para obter rendimentos máximos em um espaço mínimo

## 3. 1. 2. Sistemas de Cultivo Vertical

Os sistemas de cultivo vertical revolucionam as possibilidades de design de jardins e oferecem enormes potenciais, especialmente para pequenas áreas. Esses sistemas permitem otimizar o uso da terceira dimensão e alcançar rendimentos surpreendentes. Em uma área de cerca de 1000 metros quadrados, jardineiros verticais podem obter os mesmos rendimentos que jardineiros convencionais em quatro vezes essa área [s142]. Para iniciantes, soluções DIY simples são recomendadas inicialmente. Com materiais reciclados, é possível criar jardins verticais econômicos e eficazes. Sistemas de parede baseados em tecido podem ser feitos, por exemplo, de organizadores de sapatos antigos ou de bolsas de plantio especiais. Torres de jardim feitas de contêineres empilhados são outra opção prática para iniciantes [s143]. Ao construir, deve-se garantir que os materiais sejam resistentes aos raios UV e robustos o suficiente para suportar o peso do substrato e das plantas. A escolha do meio de cultivo adequado é crucial para o sucesso. Meios de fibra mostraram-se particularmente adequados, pois são mais estáveis em orientação vertical do que os solos convencionais. Eles também permitem uma absorção de nutrientes mais eficiente pelas plantas [s144]. Uma proporção de mistura comprovada consiste em 70% de fibra de coco, 20% de perlit e 10% de vermiculita, o que garante uma ótima retenção de água com boa drenagem. Na escolha das plantas, deve-se inicialmente focar em culturas mais leves. Ervas como manjericão, salsa ou hortelã, bem como vegetais folhosos como alface e espinafre, são excelentes para sistemas verticais [s144]. Essas plantas requerem menos suporte estrutural e são de fácil manutenção. Para jardineiros mais avançados, sistemas hidropônicos ou aquapônicos também são recomendados. Os sistemas hidropônicos funcionam sem solo e utilizam água enriquecida com nutrientes. Este método permite rendimentos excepcionalmente altos e é especialmente econômico em espaço [s145]. Um sistema de entrada pode ser construído com tubos de PVC e uma bomba. As plantas são colocadas em vasos de malha e são irrigadas com água rica em nutrientes. Os sistemas aquapônicos vão um passo além, combinando a criação de peixes com o cultivo de plantas. Neste ciclo fechado, os dejetos dos peixes servem como fertilizante natural para as plantas [s145]. Para iniciantes, um pequeno sistema com espécies de peixes robustas, como tilápia ou carpa, combinado com vegetais de crescimento rápido, é recomendado. Os torres aeropônicos representam uma forma particularmente inovadora de cultivo vertical [s146]. Neste método, as raízes das plantas são regularmente pulverizadas com uma fina névoa de solução nutritiva. Esses sistemas, embora tecnicamente mais exigentes, permitem um uso muito eficiente do espaço e podem fornecer rendimentos impressionantes. Para uma jardinagem vertical bem-sucedida, um sistema de irrigação bem planejado é essencial. A irrigação por gotejamento automático tem se mostrado eficaz, pois garante um fornecimento uniforme de água e minimiza o desperdício. A instalação deve ser feita de forma que a água excedente possa ser capturada e reutilizada. A manutenção de jardins verticais requer verificações regulares dos sistemas e das plantas. Um controle semanal da irrigação, fornecimento de nutrientes e integridade estrutural é recomendável. Deve-se prestar especial atenção a sinais de doenças ou pragas, pois estas podem se espalhar rapidamente em sistemas verticais.

## Glossário

**Aeropônico**

Uma técnica de cultivo desenvolvida na década de 1920, originalmente destinada à pesquisa espacial. As plantas crescem completamente no ar.

**Aquapônico**

Um sistema de ciclo sustentável, originalmente desenvolvido pelos astecas. Combina a criação tradicional de peixes com o cultivo moderno de plantas em um ecossistema fechado.

**Hidropônico**

Um método de cultivo sem solo, onde as plantas crescem em uma solução nutritiva. As raízes são diretamente banhadas pela solução, permitindo um controle preciso do fornecimento de nutrientes.

**Vermiculita**

Um mineral do grupo dos filossilicatos que se expande significativamente quando aquecido. Foi descoberto pela primeira vez em 1824 em Massachusetts e tem sido utilizado na jardinagem desde a década de 1950.

### 3. 1. 3. Plantio combinado

O plantio combinado é um método sofisticado de jardinagem intensiva, baseado no princípio do apoio mútuo entre diferentes espécies de plantas [s147]. Esta técnica de cultivo não apenas permite uma utilização mais eficiente da área, mas também promove o crescimento saudável das plantas por meio de suas inter-relações naturais. Um exemplo clássico e especialmente bem-sucedido é o método das "Três Irmãs", onde milho, feijão e abóbora são cultivados em combinação [s148]. O milho alto serve como suporte natural para os feijões, que, por sua vez, enriquecem o solo com este importante nutriente através de sua capacidade de fixação de nitrogênio. A abóbora se espalha pelo solo, suprimindo ervas daninhas e mantendo a umidade do solo com suas grandes folhas. Ao planejar plantios combinados, é essencial considerar as diferentes necessidades nutricionais das plantas. Um exemplo comprovado é a combinação de cenouras e alface [s147]. Enquanto a alface, como planta exigente, necessita de muito nitrogênio, as cenouras preferem fósforo e potássio. Essas diferentes exigências permitem uma utilização ótima dos nutrientes disponíveis. Na prática, as cenouras devem ser plantadas em fileiras com espaçamento de 2,5-5 cm, enquanto a alface deve ser plantada com cerca de 15 cm de distância. Uma técnica avançada é o "Relay Cropping" [s149], onde uma segunda cultura é semeada entre as fileiras de uma planta já estabelecida. Isso funciona especialmente bem com plantas de diferentes tempos de maturação. Por exemplo, entre tomates em crescimento, podem ser cultivadas rabanetes ou rúcula, que são colhidos antes que os tomates desenvolvam totalmente suas necessidades de espaço. A biointensive utiliza o plantio combinado de forma estratégica para atrair insetos benéficos e promover o controle natural de pragas [s150]. Plantar tagetes ao lado de tomates pode, por exemplo, repelir nematoides, enquanto o manjericão não apenas serve como erva culinária, mas também mantém pragas afastadas dos tomates. Para o sucesso a longo prazo do plantio combinado, um cuidado cuidadoso do solo é essencial [s151]. Como várias plantas extraem nutrientes do solo ao mesmo tempo, deve-se regularmente complementar com composto ou fertilizante orgânico. Uma dica prática é manter um diário de compostagem para acompanhar as aplicações de fertilizantes e a rotação de culturas. A Método Intensivo Francês (FIM) demonstra que, por meio de um plantio combinado inteligente, os rendimentos podem ser aumentados de quatro a seis vezes [s152]. Isso é alcançado através de cuidados intensivos do solo e do uso de variedades de sementes não híbridas, que se adaptam especialmente bem às condições locais. Curiosamente, o princípio do plantio combinado pode ser transferido para outras áreas da vida [s153]. Assim como as plantas se apoiam e fortalecem mutuamente, as pessoas também podem se beneficiar de relacionamentos positivos e sinergias.

*Cultivo em revezamento* [i21]

## Glossário

**Método Intensivo Francês**
Um método de cultivo desenvolvido por jardineiros franceses no século 19, que originalmente servia para abastecer Paris com vegetais frescos. Caracteriza-se por espaçamentos de plantio muito estreitos e um preparo profundo do solo.

**Relay Cropping**
Um método de cultivo escalonado, onde novas plantas são inseridas entre as existentes. Originalmente, essa técnica vem da cultura de arroz asiática e foi posteriormente adaptada para o cultivo de vegetais.

## 3. 1. 4. Cultivo escalonado

O cultivo escalonado é um método avançado de planejamento de jardins que permite colher vegetais frescos continuamente ao longo de toda a temporada. Nesse método, as mesmas variedades de vegetais são semeadas ou plantadas em intervalos regulares. Essa técnica requer um planejamento cuidadoso e conhecimento das diferentes espécies de vegetais e suas características. Nem todas as espécies de vegetais são igualmente adequadas para o cultivo escalonado. Culturas com curto período de maturação e janela de colheita limitada são especialmente adequadas. Plantas com longos períodos de maturação e extensas janelas de colheita, como tomates ou pimentões, são cultivadas apenas uma vez por temporada [s154]. Uma dica prática é manter um calendário de jardinagem, onde se anotam os tempos de semeadura, plantio e colheita prevista. A plantação em faixas largas provou ser um método particularmente eficaz no cultivo escalonado. Nesse método, as sementes não são semeadas em linhas individuais, mas em faixas largas. Isso permite uma utilização mais intensa da área, já que o espaço entre as linhas tradicionais é eliminado [s155]. Na implementação prática, recomenda-se trabalhar com um molde de semeadura para garantir uma distribuição uniforme. Para um cultivo escalonado bem-sucedido, o design adequado do canteiro é crucial. Uma disposição em forma de U dos canteiros elevados provou ser especialmente vantajosa, pois garante um acesso ótimo e permite a utilização eficiente do espaço disponível [s156]. Ao criar os canteiros, deve-se garantir que haja espaço suficiente entre os elementos para semear, cuidar e colher confortavelmente. Um aspecto importante do cultivo escalonado é o cuidado do solo entre as diferentes culturas. Após cada colheita, o solo deve ser solto e enriquecido com composto ou outros materiais orgânicos para garantir a nutrição para a cultura subsequente. Um método comprovado é a técnica de camadas ao preencher os canteiros, que não apenas reduz os custos com solo de alta qualidade, mas também otimiza o desenvolvimento das raízes das plantas [s156]. Para a implementação prática do cultivo escalonado, recomenda-se uma abordagem sistemática: divida a área disponível em vários segmentos e planeje as semeaduras com um intervalo de cerca de 2-3 semanas. Isso garante uma colheita contínua e evita a superprodução. Um exemplo concreto seria o cultivo de alface: semeie uma nova porção a cada 14 dias para poder colher alface fresca ao longo de vários meses. A combinação do cultivo escalonado com outros métodos de cultivo intensivo pode aumentar ainda mais a produtividade. Por exemplo, o cultivo vertical de plantas trepadeiras pode ser combinado de forma excelente com o cultivo escalonado de culturas de solo. Enquanto ervilhas ou feijões crescem em cima, diferentes variedades de alface podem ser cultivadas embaixo, uma após a outra. Um aspecto frequentemente negligenciado do cultivo escalonado é a possibilidade de prolongar a janela de colheita de certas culturas, combinando diferentes variedades com diferentes períodos de maturação. Por exemplo, variedades de cenoura precoces, intermediárias e tardias podem ser cultivadas em sequência para estender o período de colheita por vários meses. A implementação bem-sucedida do cultivo escalonado requer uma boa capacidade de observação e disposição para aprender com as experiências. Mantenha um diário de jardinagem, onde você documenta datas de semeadura, desenvolvimento do crescimento e resultados da colheita. Esses registros são valiosos para o planejamento da próxima temporada e ajudam a otimizar continuamente o cultivo.

## Glossário

**Cultivo escalonado**

Um método de cultivo que permite uma colheita contínua através da semeadura ou plantio escalonado da mesma espécie de vegetal. Originalmente, essa técnica vem da agricultura profissional e foi adaptada para pequenos jardins.

**Plantação em faixas largas**

Uma técnica de semeadura onde as sementes são semeadas em faixas largas em vez de linhas individuais. Este método foi desenvolvido na década de 1950 nos EUA e permite até 30% mais rendimento por área.

### 3. 1. 5. Suportes e treliças

Suportes e treliças são elementos indispensáveis para um design de jardim vertical eficiente. Eles não apenas permitem uma melhor utilização do espaço, mas também oferecem vantagens práticas na manutenção e colheita das plantas. A construção pode variar de soluções simples a sistemas elaborados. Para iniciantes, materiais especialmente econômicos como cercas de corrente, malha de arame ou cordas, que são fixadas em postes de madeira ou bambu estáveis, são adequados [s157]. Ao construir, deve-se garantir que as estruturas possam suportar o peso das plantas maduras e de possíveis frutos. Uma dica prática é enterrar os postes pelo menos 60 cm no solo e, em construções maiores, adicionar travessas para estabilização. Particularmente interessante é o cultivo de abóboras em treliças, que está ganhando popularidade. Este método reduz significativamente a necessidade de espaço - de 3-6 pés quadrados (aproximadamente 0,28-0,56 $m^2$) no crescimento próximo ao solo para apenas um pé quadrado (aproximadamente 0,09 $m^2$) no cultivo vertical [s158]. As treliças devem ser equipadas com cordas finas ou redes de arame, pois as gavinhas das plantas conseguem se fixar nelas com facilidade. Outra vantagem significativa do cultivo em treliças é a melhoria na saúde das plantas. Com a maior circulação de ar, as folhas secam mais rapidamente, o que reduz consideravelmente o risco de doenças fúngicas [s158]. Além disso, pragas têm menos lugares para se esconder e são mais fáceis de detectar, o que simplifica o controle de pragas. Para abobrinhas, que não possuem gavinhas naturais, uma técnica especial tem se mostrado eficaz: as plantas são fixadas em postes altos com a ajuda de arame. Uma parafuso é colocado na parte superior do poste, o arame é fixado a ele e cuidadosamente enrolado ao redor do tronco da planta [s159]. Embora essa técnica exija um pouco mais de atenção na manutenção, ela permite uma utilização do espaço significativamente melhor. A colheita é facilitada pelo uso de suportes, pois os frutos ficam mais visíveis e acessíveis. Isso torna o cultivo vertical especialmente amigável para famílias - até mesmo crianças podem ajudar na colheita de ervilhas, por exemplo, sem dificuldades [s157]. Para otimizar a colheita, os suportes devem ser projetados para serem acessíveis de todos os lados. Ao planejar sistemas de cultivo vertical, é importante considerar as necessidades específicas das diferentes espécies de plantas. Enquanto algumas plantas, como ervilhas, escalam naturalmente, outras, como abobrinhas, necessitam de suporte adicional. Os suportes devem ser ajustados de acordo - desde cordas simples para trepadeiras leves até grades robustas para frutos mais pesados. A manutenção regular dos suportes é essencial para o sucesso. Verifique regularmente a estabilidade das construções e as fixações das plantas. Especialmente após ventos fortes ou chuvas, todas as conexões devem ser inspecionadas e, se necessário, ajustadas. Um programa de manutenção proativo previne danos maiores e assegura uma colheita bem-sucedida.

## Glossário

**Treliça**

Um dispositivo feito de madeira, metal ou outros materiais, que serve como suporte para plantas trepadeiras e tradicionalmente também é usado para moldar árvores frutíferas.

**Resumo - 3. 1. Uso Intensivo**

- Métodos tradicionais de cultivo podem ser superados por técnicas modernas de intensificação em até quinze vezes.
- O método intensivo francês permite distâncias de plantio de duas a cinco vezes mais próximas do que o habitual.
- Em 1000 metros quadrados de área de jardim vertical, é possível obter os mesmos rendimentos que em 4000 metros quadrados de área convencional.
- Uma mistura de substrato ideal para sistemas verticais consiste em 70% de fibra de coco, 20% de perlita e 10% de vermiculita.
- O método das "Três Irmãs" combina milho como suporte com feijões que fixam nitrogênio e abóbora rasteira.
- Através do cultivo em sucessão, é possível plantar culturas de rápido amadurecimento entre plantas estabelecidas.
- O Método Intensivo Francês pode aumentar os rendimentos em quatro a seis vezes.
- O cultivo vertical de abóbora reduz a necessidade de espaço de 0,56m² para apenas 0,09m² por planta.
- O plantio em fileiras largas permite uma utilização mais intensa da área ao semear em faixas largas em vez de fileiras individuais.
- A semeadura escalonada de diferentes variedades com diferentes tempos de maturação prolonga significativamente a janela de colheita.

## 3. 2. 0. Proteção Biológica de Plantas

Como podemos proteger nossas plantas em canteiros elevados de forma natural contra pragas e doenças? Qual é o papel dos organismos benéficos nesse processo, e como podemos estabelecer um equilíbrio saudável entre organismos 'úteis' e 'nocivos'? Essas questões preocupam muitos jardineiros amadores que desejam evitar pesticidas químicos. A proteção de plantas biológica oferece uma ampla gama de métodos que se complementam e se reforçam mutuamente. Desde a promoção direcionada de predadores naturais até o fortalecimento da vitalidade das plantas e a escolha de variedades resistentes - a natureza oferece soluções surpreendentemente eficazes. A pesquisa científica confirma cada vez mais a eficácia dessas abordagens biológicas tradicionais e modernas, que são especialmente adequadas para o cultivo em canteiros elevados. As seções a seguir apresentam estratégias testadas na prática, com as quais você pode transformar seu canteiro elevado em um ecossistema robusto que se regula em grande parte de forma autônoma.

*„Um único joaninha pode exterminar até 400 pulgões durante seu desenvolvimento.“*

## 3. 2. 1. Promoção de Nützlinge

A promoção de organismos benéficos é um componente central da proteção biológica das plantas e contribui significativamente para um ecossistema de jardim saudável [s160]. Através de medidas direcionadas, os jardineiros amadores podem estabelecer um equilíbrio natural entre pragas e seus predadores naturais. Uma das estratégias mais importantes é a criação de uma paisagem de jardim diversificada. A escolha de plantas adequadas desempenha um papel fundamental. Por exemplo, a erva-doce, o endro, as calêndulas e o alyssum atraem especificamente as moscas-soldado, que atuam como eficazes combatentes de pulgões [s161]. Para um efeito ideal de organismos benéficos, recomenda-se posicionar essas plantas estrategicamente entre as culturas de vegetais.

*Joaninha* [i22]

*vespas parasitas* [i23]

Joaninhas, que estão entre os organismos benéficos mais conhecidos, podem ser atraídas para o jardim através do funcho, coentro e angelica. Uma única joaninha pode consumir até 400 pulgões durante seu desenvolvimento [s162]. Para estabelecer esses ajudantes naturais, deve-se evitar medidas drásticas ao descobrir pulgões, dando tempo aos organismos benéficos para regular a população de forma natural. O conceito de <u>Farmscaping</u> [s163] pode ser perfeitamente aplicado a canteiros elevados. Estruturas são criadas intencionalmente para fornecer abrigo e alimento aos organismos benéficos. Um exemplo prático é a criação de pequenas pilhas de pedras ou toras de madeira na borda do canteiro elevado, que servem especialmente como abrigo para besouros do solo. Esses caçadores noturnos são eficazes no combate a lesmas [s161]. A camada de cobertura morta é de particular importância [s164]. Uma camada de cerca de 5 cm de grama cortada, folhas ou palha não só fornece umidade para as plantas cultivadas, mas também abrigo para organismos benéficos como aranhas-lobo. Esses caçadores habilidosos controlam efetivamente várias populações de pragas [s162]. A integração de culturas mistas desempenha um papel central. Estudos científicos mostraram que a combinação de diferentes espécies de plantas aumenta significativamente a população de organismos benéficos [s162]. Um exemplo comprovado é a combinação de tomates com tagetes (calêndulas). As tagetes liberam substâncias através de suas raízes que inibem os nematoden prejudiciais [s165]. Vespas parasitas são outros ajudantes importantes na proteção biológica das plantas. Elas depositam seus ovos em pragas, contribuindo assim para seu controle natural. Para atrair esses insetos benéficos, especialmente o endro, malvas e erva-doce são adequados [s161]. Uma pequena área com essas plantas na borda do canteiro elevado é suficiente. Decisivo para o sucesso da promoção de organismos benéficos é a renúncia a pesticidas químicos-sintéticos [s166]. Estes não apenas prejudicam os organismos-alvo, mas também os organismos benéficos desejados. Em vez disso, em caso de infestação aguda de pragas, devem ser utilizados defensivos biológicos que atuem de forma seletiva e preservem a população de organismos benéficos [s167]. A criação de locais de hibernação é um aspecto frequentemente negligenciado. Deixe alguns caules de plantas no canteiro durante o inverno e acumule folhas em locais protegidos. Essas estruturas oferecem abrigo a muitos organismos benéficos durante o inverno [s164]. Outro aspecto importante é a promoção da saúde do solo através de fertilizantes orgânicos [s166]. Um solo saudável e vivo é a base para plantas vitais, que são menos suscetíveis a pragas. Aplicações regulares de composto e o uso de adubos verdes apoiam esse processo.

## Glossário

**Farmscaping**

Um método agrícola moderno em que o design das áreas de cultivo é utilizado para promover a biodiversidade e os predadores naturais de pragas

### 3. 2. 2. Fortalecimento Natural das Plantas

O fortalecimento natural das plantas baseia-se no princípio fundamental de aumentar a resistência das plantas por meio de métodos biológicos, em vez de recorrer a pesticidas químicos. Uma abordagem particularmente inovadora vem da agricultura natural coreana, que utiliza microorganismos nativos para promover o crescimento das plantas [s168]. Este método harmoniza-se perfeitamente com os princípios da jardinagem em canteiros elevados biológicos. Um elemento chave do fortalecimento natural das plantas é o uso de culturas de Lactobacillus, que atuam como um catalisador biológico. Essas bactérias benéficas não apenas promovem a saúde das plantas, mas também melhoram a qualidade do solo [s168]. Para jardineiros amadores, uma solução eficaz de Lactobacillus pode ser feita em casa: mistura-se arroz cozido com leite e deixa-se a mistura fermentar à temperatura ambiente. O líquido resultante pode ser diluído e utilizado como um fortalecedor de plantas. A rotação de culturas desempenha um papel central no fortalecimento natural das plantas. Através da alternância sistemática das culturas no canteiro elevado, não apenas a estrutura do solo é melhorada, mas também o risco de doenças nas plantas é significativamente reduzido [s169]. Um exemplo prático de uma rotação de culturas equilibrada em canteiros elevados é a sequência: plantas que exigem muitos nutrientes (como tomates) → plantas que exigem nutrientes moderados (como alfaces) → plantas que exigem poucos nutrientes (como ervas) → melhoradores do solo (como leguminosas). Para o controle biológico de pragas, existem uma série de remédios caseiros comprovados. Uma mistura eficaz consiste em alho picado finamente e sabão biodegradável, que é dissolvido em água e pode ser utilizado como spray [s170]. Esta solução atua preventivamente contra várias pragas e fortalece simultaneamente o tecido das plantas. Em caso de problemas com fumos negros, que frequentemente ocorrem como resultado de infestações de pulgões, o tratamento com óleos vegetais tem se mostrado eficaz [s171]. Uma mistura de óleo de canola e água, pulverizada finamente, sufoca as esporas de fungos e limpa as folhas, sem danificar a planta. Outro aspecto importante é o uso direcionado de terra de diatomáceas, que combate insetos nocivos por desidratação. No entanto, deve ser utilizada de forma muito específica e apenas em casos de infestações severas, pois também pode prejudicar insetos benéficos [s171]. A aplicação é melhor realizada nas primeiras horas da manhã, quando o orvalho melhora a aderência. A integração de plantas companheiras é outra estratégia eficaz para o fortalecimento das plantas. Endro, manjericão e calêndulas não apenas atuam como repelentes naturais de pragas [s171], mas também promovem a biodiversidade no canteiro elevado. Essas plantas devem ser colocadas estrategicamente entre as culturas principais, sendo suficiente uma planta companheira a cada 1,5 metros. Em caso de infestações agudas de pragas, a coleta manual é frequentemente o método mais suave e eficaz [s171]. Isso é especialmente verdadeiro para pragas maiores, como lagartas ou besouros. Um controle regular das plantas, idealmente a cada dois ou três dias, permite identificar problemas precocemente e tomar medidas corretivas. O método coreano de agricultura natural também enfatiza a importância de um solo saudável [s168]. Ao promover a atividade microbiana, não apenas o crescimento das plantas é apoiado, mas também a resistência natural das plantas é fortalecida. Uma implementação prática é a aplicação regular de extratos vegetais fermentados, que podem ser facilmente preparados em casa.

### Glossário

**Lactobacillus**
Um gênero de bactérias do ácido lático que produzem ácido lático e são amplamente encontradas na natureza. Elas são utilizadas na agricultura biológica para a melhoria do solo.

**Fumos Negros**
Um revestimento negro e fuliginoso nas plantas, causado por fungos. Esses fungos se alimentam das secreções açucaradas dos pulgões.

**Terra de Diatomáceas**
Um pó natural fino feito de algas diatomáceas fósseis, que possui estruturas microscópicas afiadas. É utilizado no controle biológico de pragas.

### 3. 2. 3. Parceiros de Cultivo em Mistura

Os parceiros de cultivo em mistura são um exemplo fascinante de como as plantas podem se apoiar mutuamente em seu crescimento. Essa forma de plantar diferentes espécies juntas baseia-se no princípio da promoção mútua e é um componente importante na jardinagem biológica [s172]. Um exemplo clássico e bem pesquisado é a combinação tradicional das "Três Irmãs" - milho, feijão e abóbora. Cada planta aproveita as vantagens das outras: o milho serve como suporte natural para os feijões, que, por sua vez, enriquecem o solo com nitrogênio. A abóbora, com suas grandes folhas, sombreia o solo, suprime ervas daninhas e mantém a umidade [s173]. A eficácia das culturas mistas baseia-se em vários mecanismos. Algumas plantas liberam nutrientes que suas vizinhas precisam para prosperar, enquanto outras, por sua forma de crescimento, proporcionam condições ideais para o desenvolvimento [s174]. Por exemplo, plantas mais altas, como tomates, podem fornecer sombra valiosa para alfaces mais sensíveis durante os quentes meses de verão. Ao planejar culturas mistas, deve-se considerar que nem todas as combinações são benéficas. Algumas plantas podem inibir o crescimento de suas vizinhas [s172]. Portanto, para uma cultura mista bem-sucedida, é importante conhecer as necessidades e características específicas das plantas. Uma estratégia particularmente eficaz é a integração de trevo ou trigo sarraceno no design do canteiro. Essas plantas não apenas atraem polinizadores importantes, mas também suprimem ervas daninhas indesejadas [s175]. Para utilizar o espaço disponível de forma ideal, recomenda-se combinar plantas com diferentes alturas de crescimento e profundidades de raiz. O efeito de certos parceiros de cultivo em mistura pode se manifestar apenas no ano seguinte. Isso é especialmente verdadeiro para plantas utilizadas no combate a nematoden. Essas culturas devem ser estabelecidas pelo menos dois meses antes do cultivo real de vegetais [s176]. Ao escolher as variedades, deve-se observar que sua eficácia contra diferentes tipos de pragas pode variar. Outro aspecto importante é a promoção da biodiversidade por meio de culturas mistas. Estudos científicos mostraram que o número de insetos benéficos em plantações mistas é significativamente maior do que em monoculturas [s177]. Plantas nativas, em particular, oferecem um habitat valioso para organismos benéficos, que também persiste além do período de crescimento. Para jardineiros amadores, recomenda-se uma abordagem sistemática ao experimentar com culturas mistas. Comece com combinações comprovadas e documente suas experiências. Observe não apenas o crescimento, mas também aspectos como sabor e rendimento da colheita [s174]. Como os resultados podem depender de muitos fatores, é importante adaptar as combinações às condições locais [s172].

*Monoculturas* [i24]

## Glossário

**Monocultura**

Método de cultivo em que apenas uma única espécie de planta é cultivada em uma área. Isso aumenta a vulnerabilidade a doenças e pragas e pode levar à fadiga do solo.

### 3. 2. 4. Controle Biológico de Pragas

O controle biológico de pragas baseia-se no princípio fundamental de controlar pragas por meio de seus predadores naturais. Existem três estratégias centrais: a preservação de inimigos naturais existentes, a introdução de novos antagonistas e sua liberação direcionada [s178]. Esses métodos se complementam e formam a base para uma gestão sustentável de pragas em canteiros elevados. Um passo importante é a correta identificação do problema. Nem todo inseto é automaticamente uma praga - na verdade, apenas cerca de 1-3% de todas as espécies de insetos conhecidas são consideradas problemáticas [s179]. Antes de tomar medidas corretivas, deve-se observar cuidadosamente e identificar o suposto inseto nocivo [s180]. Isso evita intervenções precipitadas e possivelmente desnecessárias no ecossistema. A preservação de inimigos naturais existentes é a base do controle biológico de pragas. Para isso, a renúncia total a pesticidas químicos-sintéticos é essencial, pois estes também prejudicam insetos benéficos [s178]. Um exemplo prático é o manejo de pulgões na primavera: eles já estão ativos antes que seus inimigos naturais, como joaninhas, despertem do estado de hibernação [s181]. Em vez de recorrer imediatamente a medidas de controle, muitas vezes é mais sensato dar tempo aos antagonistas naturais para se estabelecerem. A integração de uma pequena fonte de água pode aumentar significativamente a biodiversidade [s182]. Mesmo uma pequena tigela de água, regularmente preenchida com água fresca, oferece aos insetos um importante ponto de bebida e contribui para o estabelecimento de um ecossistema estável. Algumas pedras rasas devem ser colocadas na água como locais de pouso para os insetos. O uso de Parasitoides é particularmente eficaz - insetos que se desenvolvem dentro ou sobre o corpo de um inseto hospedeiro e o matam durante esse processo [s183]. Um exemplo fascinante da história é a introdução bem-sucedida de um besouro especializado para combater uma espécie problemática de pulgão [s184]. Para jardineiros amadores, as vespas parasitas são especialmente interessantes, pois podem ser utilizadas especificamente para o controle de pragas. Ao escolher métodos de controle, deve-se proceder gradualmente - de medidas mais suaves para as mais intensivas [s180]. Uma abordagem comprovada é o controle cultural por meio da escolha cuidadosa dos períodos de plantio. As culturas são plantadas de forma que suas fases de desenvolvimento sensíveis não coincidam com os períodos de maior atividade das pragas. O controle genético por meio da seleção de variedades resistentes também desempenha um papel importante [s180]. Ao planejar o canteiro elevado, devem ser escolhidas variedades robustas e locais que já apresentem resistência natural a pragas comuns. Outra abordagem inovadora é o uso de Nematodos patogênicos [s183]. Esses vermes microscópicos infectam insetos nocivos específicos e liberam bactérias que matam o hospedeiro. Este método é particularmente eficaz contra pragas do solo. Além dos insetos, animais maiores também desempenham um papel importante no controle biológico de pragas. Pássaros e morcegos são eficazes no combate a pragas [s179]. A instalação de caixas de ninho e a criação de estruturas adequadas podem promover esses ajudantes naturais de forma direcionada. É importante entender que os métodos de controle biológico podem levar mais tempo para mostrar resultados e podem exigir aplicações mais frequentes do que os métodos convencionais [s185]. No entanto, os benefícios a longo prazo para o ecossistema e a sustentabilidade superam claramente essas desvantagens.

Glossário

**Nematódeo**

Também chamados de vermes redondos, são vermes microscópicos que vivem no solo. Algumas espécies são auxiliares úteis no controle biológico de pragas, pois atacam especificamente certas pragas.

**Parasitoide**

Espécie de inseto que se alimenta de um único organismo hospedeiro e o mata inevitavelmente durante seu desenvolvimento. Ao contrário dos parasitas clássicos, seu desenvolvimento sempre leva à morte do hospedeiro.

## 3. 2. 5. Variedades resistentes

A escolha de variedades resistentes é uma das estratégias mais eficazes na proteção biológica das plantas. Essas variedades foram especificamente cultivadas para resistir melhor a determinadas doenças e pragas [s186]. Especialmente para jardineiros amadores que enfrentaram problemas específicos com plantas no passado, o uso de variedades resistentes oferece uma solução prática [s187]. As plantas híbridas modernas frequentemente apresentam uma resistência comprovada a doenças. Em comparação com variedades tradicionais, polinizadas abertamente ou variedades de herança, elas geralmente oferecem uma melhor proteção contra doenças conhecidas das plantas [s187]. Um exemplo concreto são as variedades de tomate resistentes, que apresentam uma chamada "resistência intermediária" a determinadas doenças. Isso significa que, embora não sejam completamente imunes, oferecem uma proteção significativamente maior do que as variedades não resistentes [s188]. Para a jardinagem em canteiros elevados, variedades com comportamento de crescimento compacto são especialmente interessantes, pois também apresentam uma maior resistência a doenças [s189]. Essas características são ideais para a área de cultivo limitada de um canteiro elevado e reduzem ao mesmo tempo o esforço de manutenção. Ao planejar o canteiro elevado, deve-se selecionar as variedades resistentes disponíveis de acordo com os desafios locais. Outro aspecto importante é a adaptabilidade a condições climáticas em mudança. Variedades resistentes frequentemente mostram um desempenho melhor em condições ambientais difíceis e podem ainda fornecer rendimentos aceitáveis mesmo em caso de infestação de pragas [s186]. Variedades tolerantes à seca são especialmente valiosas, pois ainda prosperam bem em períodos quentes e secos [s189]. Para uma implementação bem-sucedida de variedades resistentes, é importante conhecer os patógenos ou pragas específicos que são problemáticos em sua região [s187]. Uma abordagem sistemática envolve a documentação de problemas que surgem e a seleção direcionada de variedades resistentes para o próximo plantio. Híbridos de vegetais modernos frequentemente oferecem características especiais para a defesa contra pragas [s190]. Isso pode ser realizado, por exemplo, através de estruturas foliares especiais, ingredientes ou formas de crescimento. Para jardineiros que enfrentam regularmente determinadas pragas, vale a pena buscar essas variedades especializadas. A integração de variedades resistentes deve ser entendida como parte de uma estratégia abrangente. Medidas complementares, como o tratamento de sementes, o uso de bioestimulantes de plantas e uma camada adequada de cobertura morta, podem apoiar ainda mais a eficácia das resistências [s187]. Uma abordagem inovadora de design é a combinação de variedades resistentes com plantas não comestíveis [s189]. Isso permite a criação de canteiros elevados esteticamente agradáveis e, ao mesmo tempo, funcionais, que são tanto produtivos quanto de fácil manutenção. Por exemplo, variedades de vegetais resistentes podem ser combinadas com plantas ornamentais robustas, que também contribuem para a defesa contra pragas.

### Glossário

**Plantas híbridas**
Plantas que surgem da cruzamento direcionado de duas linhagens parentais puras. Elas geralmente se destacam por uma vantagem de crescimento (efeito de heterose), mas não são verdadeiras na próxima geração.

**resistência intermediária**
Grau médio de resistência de uma planta a doenças ou pragas, onde a planta pode ser infestada, mas sofre significativamente menos danos do que variedades suscetíveis.

**Resumo - 3. 2. Proteção Biológica de Plantas**

- Culturas de Lactobacillus atuam como catalisadores biológicos e melhoram a qualidade do solo
- Um único joaninha consome até 400 pulgões durante seu desenvolvimento
- Tagetes liberam substâncias através de suas raízes que inibem nematoides prejudiciais
- A agricultura natural coreana utiliza microorganismos nativos de forma direcionada para fortalecer as plantas
- Terra de diatomáceas combate insetos nocivos por desidratação e deve ser usada apenas em casos de infestação severa
- As "Três Irmãs" - milho, feijão e abóbora - formam uma cultura mista simbiótica
- Apenas cerca de 1-3% de todas as espécies de insetos conhecidas são consideradas pragas problemáticas
- Parasitoides se desenvolvem no corpo de um inseto hospedeiro e o matam durante o processo
- Nematoides patogênicos liberam bactérias que matam insetos nocivos específicos
- Plantas híbridas com "resistência intermediária" oferecem proteção contra doenças aumentada, mas não completa
- Uma camada de mulch de 5 cm oferece habitat para aranhas lobo benéficas
- Vespas parasitas depositam seus ovos especificamente em pragas, controlando assim suas populações.

### 3. 3. 0. Culturas Especiais

Como estabelecer com sucesso culturas especiais em canteiros elevados? O que torna atraentes as variedades exóticas de vegetais, ervas medicinais e microverdes? Quais oportunidades a própria multiplicação de sementes oferece? Essas questões preocupam muitos jardineiros amadores que desejam expandir seu canteiro elevado além das culturas clássicas de vegetais. Culturas especiais oferecem a chance de transformar o canteiro elevado em um campo de experimentação versátil. Elas não apenas permitem uma ampliação da colheita, mas também a coleta de valiosas experiências de jardinagem. Desde o cultivo de ervas mediterrâneas até o cultivo de microverdes ricos em nutrientes - as possibilidades são diversas e muitas vezes surpreendentemente simples de implementar. As seções a seguir apresentam métodos testados na prática sobre como diferentes culturas especiais podem prosperar em canteiros elevados. Com o conhecimento adequado e um pouco de disposição para experimentar, é possível expandir significativamente o potencial do canteiro elevado.

> *„Mikro-verde contém em média cinco vezes mais vitaminas em comparação com plantas adultas."*

## 3. 3. 1. Espécies Exóticas de Vegetais

Espécies exóticas de vegetais não apenas enriquecem nosso cardápio, mas também trazem uma emocionante diversidade para a horta elevada. Com o planejamento e cuidado adequados, até mesmo jardineiros amadores podem cultivar variedades incomuns com sucesso. Particularmente interessante para iniciantes é o Spigariello [s191], uma fascinante verdura italiana da família brassica. Suas folhas serrilhadas, de cor cinza-esverdeada, têm um sabor que lembra um brócolis suave e adocicado. Na horta elevada, ele se desenvolve especialmente bem quando se oferece um local ensolarado a semi-sombreado e um espaçamento de plantio de cerca de 40 cm. As primeiras folhas tenras podem ser colhidas já após 6-8 semanas, e a planta pode ser colhida várias vezes com cortes regulares. Outra cultura interessante é a mini-pimenta doce [s192], que, devido à sua forma compacta, é ideal para a horta elevada. Essas pequenas frutas impressionam por sua intensa doçura e são perfeitas para consumo fresco. Para um crescimento ideal, o solo deve ser rico em húmus e ter uma temperatura mínima de 20°C. Uma dica prática: ao desbastar regularmente os ramos laterais, a força da planta se concentra em menos frutos, mas de qualidade superior. O nabo [s191] é conhecido em nossas regiões, mas suas variantes exóticas, como o roxo 'Azur Star' ou o gigante 'Superschmelz', são verdadeiros atrativos na horta elevada. Esta cultura necessita de muita luz solar e solo rico em nutrientes. Uma dica importante: para evitar a formação de crostas, deve-se prestar atenção à irrigação uniforme e não plantar as plantas muito próximas - um espaçamento de 25-30 cm é ideal. Particularmente fascinantes são as diferentes variedades exóticas de rabanete [s191]. A variante de cor ameixa profunda de Málaga ou o longo Minowase Daikon japonês não apenas trazem variedade visual, mas também novas experiências de sabor. O rabanete de melancia, com sua casca verde e polpa rosa-avermelhada, é um verdadeiro atrativo. Essas variedades se desenvolvem melhor em temperaturas entre 15-20°C e necessitam de um solo solto e rico em húmus. O alho [s192] pode não parecer exótico à primeira vista, mas existem inúmeras variedades extraordinárias, como o roxo Creole ou o alho negro. Plantado na horta elevada, os dentes se desenvolvem especialmente bem quando são plantados no outono e protegidos com uma camada de cobertura contra o frio. Uma dica importante de cultivo: o solo não deve ser muito úmido, pois isso pode causar apodrecimento. O lavanda [s192] é principalmente valorizado como planta aromática e ornamental, mas suas flores comestíveis o tornam uma adição interessante à horta de vegetais. Ele é excelente como planta companheira, pois, com seus óleos essenciais, afasta muitos insetos. É importante um local ensolarado e solo bem drenado. Dica prática: o lavanda não deve ser fertilizado em excesso, pois isso pode resultar em um crescimento excessivo e menos compostos aromáticos. Ao cultivar espécies exóticas de vegetais na horta elevada, é especialmente importante considerar as diferentes exigências das plantas. Um bom planejamento da rotação de culturas e da consorciação pode ajudar a obter rendimentos ideais. Também deve-se ter em mente que algumas espécies exóticas podem ser mais sensíveis a variações climáticas do que as variedades nativas. Um tecido ou mini-estufa pode ser muito útil nesta fase inicial.

## Glossário

**Spigariello**

Uma antiga variedade de vegetal italiana, pertencente à família das crucíferas e considerada um precursor do brócolis moderno. Tradicionalmente cultivada na Apúlia.

**Minowase Daikon**

Rabanete de inverno japonês tradicional com raízes brancas de até 40 cm de comprimento. Também é utilizado no Japão como um digestivo natural.

### 3. 3. 2. Ervas medicinais em canteiros elevados

Cultivar ervas medicinais em canteiros elevados combina conhecimentos tradicionais de cura com jardinagem moderna. A renascença das plantas medicinais nos últimos anos [s193] torna o canteiro elevado um local ideal para uma pequena farmácia caseira. Devido à posição elevada, as plantas podem ser cuidadas de forma ergonômica e agrupadas de acordo com suas necessidades específicas. O design de um canteiro elevado para ervas medicinais começa com a mistura de substrato adequada. Um substrato permeável e rico em húmus, com um pH entre 6,0 e 7,0, forma a base para a maioria das ervas medicinais. É especialmente importante ter uma boa drenagem, pois a maioria das ervas medicinais é sensível ao encharcamento. Uma camada de drenagem de cerca de 10 cm de cascalho fino no fundo do canteiro tem se mostrado eficaz na prática. Ao planejar, deve-se considerar as diferentes alturas de crescimento das ervas. Espécies de maior porte, como Echinacea ou erva de São João, devem ser colocadas preferencialmente no lado norte do canteiro, enquanto espécies de menor porte, como tomilho ou camomila, encontram seu lugar na parte frontal. Uma dica prática da experiência: deve-se deixar espaço suficiente (pelo menos 20-30 cm) entre as plantas individuais para que os sistemas radiculares possam se desenvolver bem e garantir uma circulação de ar adequada. A hortelã, uma erva medicinal versátil para problemas estomacais [s194], deve ser cultivada em uma área separada ou em vasos afundados no canteiro, pois se espalha descontroladamente por meio de seus corredores subterrâneos. Uma dica prática comprovada é enterrar baldes de plástico perfurados, que limitam o crescimento das raízes. Orégano e manjericão [s194] são populares não apenas na cozinha, mas também possuem propriedades curativas significativas. O orégano, por exemplo, tem efeito antimicrobiano e pode ser utilizado como suporte em casos de resfriados. Para um crescimento ideal, ambas as ervas precisam de um local ensolarado e irrigação regular, mas moderada. O corte após a floração promove um crescimento compacto e estimula a formação de novos brotos aromáticos. A integração de ervas medicinais em culturas de vegetais existentes [s195] pode ser realizada por meio de uma mistura inteligente de culturas. As plantas podem se influenciar positivamente umas às outras. Por exemplo, a sálvia protege as plantas vizinhas de pragas com seus óleos essenciais, enquanto as calêndulas ativam a vida do solo com suas secreções radiculares. Um aspecto importante ao cultivar ervas medicinais é o momento certo da colheita. A maioria das ervas desenvolve sua maior concentração de princípios ativos pouco antes da floração. A colheita deve ser feita preferencialmente em manhãs secas, após o orvalho ter secado. O processamento deve ser realizado o mais rápido possível para preservar o conteúdo de substâncias valiosas. Para um uso sustentável, recomenda-se a criação de um sistema de documentação, onde os tempos de plantio, floração e colheita, bem como ocorrências especiais, sejam anotados. Isso ajuda não apenas no planejamento do próximo ano de jardinagem, mas também permite uma otimização contínua dos métodos de cultivo. Os cuidados com o canteiro elevado de ervas medicinais devem ser realizados preferencialmente sem pesticidas químicos, a fim de garantir a pureza das plantas medicinais. Em vez disso, medidas preventivas, como uma fertilização equilibrada, capina regular e promoção de insetos benéficos, têm se mostrado eficazes.

Glossário

**antimicrobiano**
Descreve a propriedade de matar ou inibir o crescimento de microrganismos como bactérias e fungos

**Echinacea**
Conhecida também como coneflower, uma planta medicinal da América do Norte que fortalece o sistema imunológico e ajuda na prevenção de resfriados

### 3. 3. 3. Multiplicação de sementes

A multiplicação de sementes em canteiros elevados oferece aos jardineiros oportunidades emocionantes para obter suas próprias sementes e estabelecer um ciclo sustentável. Essa prática não apenas contribui para a economia de custos, mas também permite o desenvolvimento de populações de plantas que estão otimizadas para as condições locais [s196]. Para o sucesso da multiplicação de sementes, a preparação adequada é crucial. Uma mistura de cultivo de alta qualidade, composta por casca de árvore compostada e areia lavada, forma a base para mudas saudáveis [s197]. Na prática, é eficaz enriquecer essa mistura com cerca de 30% de vermiculit, o que melhora a retenção de água e facilita a brotação das mudas. Ao semear, você deve prestar especial atenção à qualidade das sementes. Sementes frescas e armazenadas corretamente apresentam taxas de germinação significativamente melhores [s198]. Uma dica prática da experiência: documente a origem e a idade de suas sementes em um diário de jardinagem. Anote também características especiais das plantas-mãe para otimizar a seleção. O pré-tratamento das sementes pode melhorar significativamente a germinação. O mergulho em água morna por 12-24 horas tem se mostrado eficaz para muitas espécies. Para sementes de casca dura, um tratamento adicional com peróxido de hidrogênio diluído (3%) pode ser útil para eliminar potenciais patógenos [s198]. Particularmente interessante para jardineiros de canteiros elevados é a possibilidade de auto-semeadura controlada. Nessa prática, plantas selecionadas completam todo o seu ciclo de vida [s196]. Um exemplo prático: deixe algumas plantas de alface ou rabanete florescerem. As sementes resultantes podem ser coletadas de forma direcionada ou, no caso de variedades robustas, deixadas para a semeadura natural. O cuidado com as plantas de sementes requer atenção especial. Assim que as primeiras folhas verdadeiras aparecem - não confundir com as folhas cotiledonares - é o momento certo para o desbaste [s197]. Desbaste as mudas cuidadosamente em vasos individuais, utilizando idealmente filtros de café como base para evitar que as raízes se enrosquem [s198]. Um aspecto importante da multiplicação de sementes é a promoção da biodiversidade. Ao selecionar diferentes espécies de plantas - anuais, bienais e perenes - você cria fontes valiosas de alimento para polinizadores [s196]. Na prática, é recomendável reservar uma parte do canteiro elevado especificamente para plantas de sementes e marcá-las com etiquetas. A colheita e o processamento das sementes requerem cuidado e tempo. Colha as sementes apenas quando estiverem completamente maduras - na maioria das espécies, isso é reconhecido pela coloração marrom e pela textura seca. Limpe as sementes cuidadosamente e deixe-as secar bem antes de armazená-las em sacos de papel ou frascos arejados, em local fresco e seco. A multiplicação de sementes em canteiros elevados não apenas contribui para a resiliência do seu jardim, mas também permite a melhoria contínua de suas populações de plantas [s196]. Através da seleção direcionada, você pode desenvolver plantas que se adaptam especialmente bem às condições específicas do seu canteiro elevado.

## 3. 3. 4. Microverdes e brotos

Microverdes e brotos tornaram-se uma tendência empolgante no cultivo de culturas especiais nos últimos anos. Essas mini plantas, que podem ser colhidas após 7-14 dias, oferecem não apenas uma variedade de sabores, mas também impressionantes benefícios à saúde [s199]. Em comparação com suas contrapartes adultas, os microverdes contêm em média cinco vezes mais vitaminas e superam-nas também em teor de antioxidantes [s199] [s200]. Essa densidade nutricional os torna um componente valioso de uma dieta equilibrada.

O cultivo de microverdes é surpreendentemente simples e é perfeito para iniciantes. Para começar, você precisa apenas de:
- Um recipiente raso com furos de drenagem
- Terra de plantio de alta qualidade
- Sementes de alta qualidade
- Um local iluminado com 4-8 horas de luz diariamente [s200]

A variedade de tipos disponíveis é impressionantemente diversificada. As variedades mais populares incluem:
- Representantes picantes como rúcula e agrião
- Vegetais crucíferos ricos em nutrientes, como brócolis e repolho roxo

*Microverdes* [i25]

- Leguminosas ricas em proteínas, como ervilhas e feijão mungo
- Ervas aromáticas como manjericão e coentro [s201]

*Leguminosas* [i26]

Uma vantagem especial do cultivo de microverdes é a possibilidade de combinar diferentes sabores. Para isso, conjuntos de cultivo especiais têm se mostrado eficazes, contendo misturas de sementes perfeitamente equilibradas [s202]. Esses conjuntos são especialmente adequados para iniciantes, pois geralmente incluem todos os materiais necessários e um guia detalhado. O cultivo pode ser feito tanto <u>hidroponicamente</u> quanto em solo. Para iniciantes, recomenda-se inicialmente o método baseado em solo: distribua a terra de plantio uniformemente em um recipiente raso, semeie as sementes de forma densa e cubra-as levemente com terra. A umidade deve ser mantida constante, sem que se forme <u>encharcamento</u>. Ao contrário dos brotos, que geralmente são cultivados apenas em água, os microverdes já desenvolvem um pequeno sistema radicular no substrato. Isso permite uma melhor absorção de nutrientes e resulta em um sabor mais intenso [s200]. A colheita é feita cortando cuidadosamente as jovens plantinhas logo acima da superfície do substrato, assim que as primeiras folhas cotiledonares estão totalmente desenvolvidas, mas antes que as folhas verdadeiras apareçam. Para uma colheita contínua, recomenda-se fazer várias semeaduras com um intervalo de cerca de uma semana. Assim, você terá sempre microverdes frescos à disposição. As plantinhas colhidas se mantêm na geladeira por cerca de uma semana, mas devem ser consumidas frescas para obter o máximo valor nutricional. Particularmente prático para jardineiros de canteiros elevados é a possibilidade de reservar uma parte do canteiro especificamente para microverdes. Devido ao curto tempo de cultivo, essas áreas podem ser utilizadas várias vezes por temporada. Uma abordagem inteligente é a integração de microverdes como culturas intercalares: enquanto as culturas principais de crescimento lento ainda deixam espaço, as rápidas culturas de microverdes podem utilizar a área de forma eficiente.

## Glossário

**encharcamento**
Estado no solo ou substrato em que o excesso de água não pode drenar e se acumula, levando à falta de oxigênio nas raízes.

**hidropônico**
Método de cultivo em que as plantas são cultivadas sem solo em uma solução nutritiva ou em um meio inerte como lã de rocha.

**Microverdes**
Brotos de plantas jovens que são colhidos no estágio de plântula. Eles se diferenciam de brotos normais por sua fase de crescimento mais longa e o desenvolvimento de primeiros brotos foliares.

### 3. 3. 5. Frutas vermelhas em canteiros elevados

Frutas vermelhas são excelentes para cultivo em canteiros elevados e oferecem várias vantagens decisivas. A posição elevada permite um controle ideal das condições do solo e facilita significativamente o cuidado e a colheita [s203]. A escolha do substrato correto é especialmente importante, pois as frutas vermelhas têm requisitos específicos em relação ao solo. A maioria das espécies de frutas vermelhas prefere um solo ácido com um pH entre 4,5 e 5,5 [s203]. Para criar essas condições, recomenda-se uma mistura de substrato composta por terra rica em turfa, humus de casca e areia. A drenagem desempenha um papel central - o acúmulo de água deve ser evitado a todo custo. Na prática, é eficaz colocar uma camada de drenagem de cerca de 20 cm de cascalho grosso no fundo do canteiro elevado. Morango é a entrada perfeita para o cultivo de frutas vermelhas em canteiros elevados. Eles necessitam de um espaçamento de plantio de 20-30 centímetros e se desenvolvem melhor sob luz solar plena [s204]. Uma dica prática: coloque as plantas de morango na borda do canteiro, de modo que os frutos possam pendurar para fora. Isso melhora a circulação de ar e reduz o risco de apodrecimento. Uma camada de cobertura de palha protege os frutos da sujeira e mantém a umidade no solo. Uma alternativa interessante são as lingonberries, que se adaptam especialmente bem a áreas mais sombreadas do canteiro elevado [s205]. Essas plantas robustas produzem duas colheitas por ano e podem ser utilizadas como coberturas vegetais comestíveis. Ao plantar, deve-se ter cuidado especial, pois suas raízes são sensíveis. Uma adubação orgânica de liberação lenta com uma mistura de composto e fertilizantes vegetais tem se mostrado eficaz. A irrigação desempenha um papel central no cultivo de frutas vermelhas. Como regra geral, a necessidade de água é de cerca de 2,5 cm por semana durante o período de crescimento [s203]. Uma camada de cobertura de 5-10 cm de espessura ajuda a manter a umidade no solo e, ao mesmo tempo, suprimir o crescimento indesejado. A irrigação por gotejamento sob a camada de cobertura é especialmente eficaz. O momento ideal para plantar a maioria das espécies de frutas vermelhas é na primavera ou no outono [s203]. Isso dá às plantas a oportunidade de se estabelecerem bem antes da primeira colheita. Ao projetar o canteiro elevado, deve-se considerar as diferentes alturas de crescimento das plantas de frutas vermelhas e colocar espécies maiores, como framboesas, no lado norte para evitar sombreamento. Um conceito de cuidado bem pensado é crucial para o sucesso. A adubação regular, mas moderada, com fertilizantes orgânicos especiais para frutas vermelhas apoia o crescimento. As aplicações de fertilizante devem ser distribuídas ao longo do período de crescimento, com a adubação principal ocorrendo na primavera. Uma poda anual - dependendo da espécie, no inverno ou após a colheita - promove a frutificação e mantém as plantas saudáveis. A integração de frutas vermelhas em um canteiro elevado não apenas permite uma colheita abundante, mas também cria habitats valiosos para organismos benéficos. Ao combinar habilmente diferentes espécies de frutas vermelhas, você pode colher frutas frescas ao longo de vários meses. A posição elevada do canteiro também protege os frutos sensíveis do contato com o solo e reduz a infestação por lesmas.

*Oxicocos* [i27]

*Cobertura morta* [i28]

**Humus de casca**
Um material orgânico feito de casca de árvore decomposta, caracterizado por alta capacidade de retenção de água e liberação lenta de nutrientes

**Lingonberry**
Também conhecido como cranberry, um arbusto anão perene da família das ericáceas com frutos vermelhos de sabor ácido

**Resumo - 3. 3. Culturas Especiais**

- Spigariello da família Brassica oferece um sabor suave e adocicado de brócolis e pode ser colhido várias vezes com cortes regulares.
- Pimentões doces mini desenvolvem frutos de alta qualidade com temperatura do solo de pelo menos 20°C e desbrota regular.
- O nabo roxo 'Azur Star' e o gigante 'Superschmelz' necessitam de um espaçamento de plantio de 25-30 cm para evitar a formação de placas.
- O rabanete de melancia se destaca pela casca verde e a polpa rosa-avermelhada.
- O alho negro se desenvolve de forma ideal em canteiros elevados com plantio no outono e proteção de cobertura morta.
- Ervas medicinais desenvolvem sua maior concentração de princípios ativos pouco antes da floração.
- Vermiculita melhora a retenção de água com uma mistura de 30% e facilita a brotação das mudas.
- Filtros de café como base para o transplante evitam que as raízes se enrosquem.
- Microgreens contêm em média cinco vezes mais vitaminas em comparação com plantas adultas.
- Cranberries produzem duas colheitas por ano como coberturas do solo tolerantes à sombra.
- Frutas silvestres necessitam de cerca de 2,5 cm de água por semana durante o período de crescimento.

**Revisão - 3. Métodos Especiais de Cultivo**

- A utilização múltipla de áreas de jardim pode aumentar a produção em até quinze vezes.
- Estruturas verticais orientadas de norte a sul economizam até 75% da área do solo.
- O método intensivo francês utiliza espaçamentos de plantio de duas a cinco vezes mais próximos do que o habitual.
- Sistemas hidropônicos permitem colheitas excepcionalmente altas sem solo.
- Sistemas aquapônicos combinam a criação de peixes com o cultivo de plantas em um ciclo fechado.
- O método das "Três Irmãs" combina milho como suporte para plantas com feijões que fixam nitrogênio e abóbora que protege o solo.
- Culturas de Lactobacillus atuam como catalisadores biológicos para a saúde das plantas.
- Um único joaninha consome até 400 pulgões durante seu desenvolvimento.
- Spigariello, um vegetal folhoso italiano, pode ser colhido várias vezes com cortes regulares.
- Microverdes contêm em média cinco vezes mais vitaminas em comparação com plantas adultas.
- Cranberries produzem duas colheitas por ano e são adequadas como cobertura do solo comestível.
- Após essa variedade de métodos de cultivo, surge a empolgante questão: Como podemos otimizar a colheita abundante e seu aproveitamento?

# 4. 0. 0. Colheita e Utilização

A colheita do próprio canteiro elevado é o ponto alto do ano de jardinagem e levanta muitas questões: Quando é o momento ideal para a colheita? Como preservar da melhor forma a qualidade dos produtos? Quais métodos de conservação são adequados para cada tipo de legume? A colheita e utilização adequadas são decisivas para o sucesso da jardinagem em canteiros elevados. Não apenas o momento certo da colheita e a técnica de colheita cuidadosa desempenham um papel importante, mas também o armazenamento e a conservação adequados das colheitas. Especialmente para iniciantes, é fundamental entender os princípios básicos e evitar erros típicos. Este capítulo transmite o conhecimento necessário para uma colheita bem-sucedida e apresenta métodos testados na prática para conservação e armazenamento. Com as técnicas corretas, é possível prolongar significativamente a alegria da própria colheita.

## 4. 1. 0. Técnicas de Colheita

A colheita bem-sucedida na horta elevada levanta questões fundamentais para muitos jardineiros amadores: Quando é o momento ideal para colher? Como colher variedades de vegetais sensíveis de forma cuidadosa? E como garantir a qualidade e a durabilidade da colheita? As técnicas de colheita adequadas são decisivas para o sucesso na horta elevada. Elas influenciam não apenas a qualidade imediata do produto colhido, mas também sua capacidade de armazenamento e até mesmo o crescimento futuro das plantas. Vários fatores interagem - desde a escolha do momento certo até o método apropriado e o tratamento pós-colheita correto. Uma abordagem sistemática às técnicas de colheita permite aproveitar ao máximo o potencial da horta elevada, minimizando perdas. As seções a seguir apresentam métodos testados na prática que podem otimizar sua colheita.

> *„A técnica "Cut-and-Come-Again" permite colheitas múltiplas de alface, cortando a cabeça da alface cerca de 2,5 a 3,8 centímetros acima do solo - após 3 a 4 semanas, o toco restante brota novamente.“*

## 4. 1. 1. Momentos ideais de colheita

O momento ideal de colheita é um fator decisivo para o sucesso na jardinagem em canteiros elevados e requer tanto planejamento quanto observação atenta. A determinação do momento certo varia bastante entre diferentes tipos de vegetais e é influenciada por vários fatores [s206]. Uma abordagem sistemática começa já no planejamento do plantio. Anote a data de plantio e adicione o tempo de maturação típico da variedade - isso lhe dará uma primeira orientação sobre o momento esperado da colheita [s206]. Por exemplo, você pode esperar a primeira colheita de rabanetes cerca de 25-30 dias após a semeadura. É recomendável manter um diário de jardinagem, onde você registre esses dados. Particularmente eficaz é o método de semeadura sucessiva, que permite uma colheita contínua [s207]. Em vez de plantar 30 mudas de alface de uma só vez, plante 7 mudas a cada duas semanas. Assim, você terá alface fresca por um período mais longo e evitará a produção excessiva. Essa técnica é especialmente adequada para vegetais de rápido crescimento, como rúcula, espinafre e várias variedades de alface [s207].

*tempo de colheita* [i29]

As mudanças climáticas apresentam novos desafios para os jardineiros amadores na programação da colheita [s208]. Estratégias de adaptação flexíveis, como o uso de túneis móveis, podem ajudar a otimizar o tempo de colheita e proteger plantas sensíveis ao frio [s208]. Observe atentamente a previsão do tempo e reaja de acordo - em caso de geada anunciada, por exemplo, cubra culturas sensíveis com um tecido. Para culturas específicas, existem períodos de colheita comprovados: o alho é tipicamente colhido em meados de julho, após ter sido protegido com uma camada de cobertura na primavera [s209]. Com uma escolha inteligente de variedades e plantio escalonado, o período de colheita de morangos pode ser significativamente prolongado [s209]. Plante, por exemplo, variedades precoces, intermediárias e tardias para poder colher de maio até o final do verão. Nem todos os tipos de vegetais são adequados para semeaduras múltiplas. Enquanto vegetais folhosos como espinafre e rúcula são ideais para semeadura sucessiva, vegetais de crescimento lento, como abóbora ou tomate, geralmente são plantados apenas uma vez por estação [s207]. Ao planejar, considere também as janelas de colheita: cenouras, por exemplo, podem ser colhidas ao longo de um período mais longo, enquanto o brócolis cresce rapidamente e, portanto, deve ser colhido em tempo hábil. Uma dica prática importante é a criação de um calendário de colheita detalhado. Nele, registre os momentos esperados de colheita de todas as suas culturas e marque as sobreposições. Assim, você pode distribuir melhor a carga de trabalho e planejar a replantação de forma ideal [s206]. A conservação da colheita também desempenha um papel importante. Quando várias culturas amadurecem ao mesmo tempo, o congelamento se apresenta como um método eficaz de conservação [s208]. Prepare recipientes adequados e informe-se sobre o melhor procedimento para cada tipo de vegetal. Para uma colheita bem-sucedida, o controle regular das plantas também é essencial. Desenvolva um senso para a maturação ideal: tomates, por exemplo, devem estar completamente coloridos, enquanto abobrinhas são melhor colhidas quando jovens e

*Conservação* [i30]

tenras. Toque suavemente os vegetais de raiz para verificar seu tamanho, sem danificá-los.

## 4. 1. 2. Métodos de colheita suave

Os métodos de colheita suave são essenciais para a qualidade e durabilidade dos vegetais colhidos, bem como para a saúde das plantas na horta elevada. A técnica de colheita correta pode também promover a capacidade de regeneração das plantas e possibilitar múltiplas colheitas em muitas espécies. No caso das cebolas, é necessário ter um cuidado especial. Em vez de simplesmente puxá-las do solo, deve-se primeiro soltá-las cuidadosamente com um garfo de jardim [s210]. Isso evita danos à cebola e às raízes. É importante escolher um dia seco para a colheita, pois a umidade pode prejudicar significativamente a qualidade de armazenamento. Após a colheita, as cebolas não devem ser lavadas ou limpas, mas levadas diretamente para secar. Um local arejado e sombreado é ideal, onde podem ser penduradas ou colocadas em prateleiras por 2 a 4 semanas [s210]. Para as alfaces, existem diferentes métodos de colheita suave, que variam conforme a variedade e o objetivo da colheita. O método "Cut-and-Come-Again" se destacou especialmente: aqui, a cabeça da alface é cortada cerca de 2,5 a 3,8 centímetros acima do solo com uma faca afiada ou tesoura [s211]. O toco restante geralmente brota novamente, permitindo uma segunda colheita após 3-4 semanas. Para alfaces grandes e robustas, uma alternativa é a técnica de levantar cuidadosamente toda a cabeça da alface com uma pá ou uma faca de colheita especial. Para alfaces mais delicadas, recomenda-se o método seletivo "Pick and Choose", onde apenas as folhas externas maduras são colhidas individualmente [s211]. Um aspecto particularmente sustentável dos métodos de colheita suave é o manejo das partes das plantas que permanecem no solo. Restos de raízes devem ser deixados no solo sempre que possível, pois desempenham funções ecológicas importantes. Eles não apenas se decompõem em húmus valioso, mas também deixam canais de ar naturais que ajudam a evitar a compactação do solo [s212]. Isso é especialmente relevante na horta elevada, onde uma boa estrutura do solo é essencial para o crescimento das plantas. Ao colher vegetais de raiz, deve-se ter cuidado especial. Em vez de puxar as plantas, o solo deve ser solto primeiro com um garfo de jardim. Isso evita o rompimento das raízes e minimiza danos. Em solo úmido, a colheita deve ser adiada, pois a colheita molhada é mais suscetível a doenças de armazenamento. Para todos os trabalhos de colheita, vale lembrar: use ferramentas afiadas e limpas. Facas ou tesouras cegas podem resultar em cortes irregulares, que oferecem uma porta de entrada para patógenos. Limpe suas ferramentas regularmente, idealmente após cada uso, para evitar a transmissão de doenças das plantas. Um aspecto frequentemente negligenciado dos métodos de colheita suave é o momento da colheita ao longo do dia. As primeiras horas da manhã, quando as plantas ainda estão úmidas do orvalho, são especialmente adequadas para vegetais folhosos, pois estão mais crocantes. Vegetais de raiz, por outro lado, devem ser colhidos apenas quando o solo estiver um pouco seco. O tratamento pós-colheita adequado também faz parte dos métodos de colheita suave. Os vegetais colhidos não devem ser expostos ao sol direto, mas devem ser levados imediatamente para um local fresco e sombreado. Durante o armazenamento, deve-se garantir uma circulação de ar adequada para evitar a decomposição.

## Glossário

**Cut-and-Come-Again**
Um método de colheita originário da Inglaterra, que se destacou especialmente para alfaces e ervas. O nome significa literalmente 'Cortar e Voltar' e foi documentado pela primeira vez no século XIX.

**Pick and Choose**
Um método de colheita seletiva da jardinagem tradicional, desenvolvido originalmente por agricultores franceses. O termo foi mencionado pela primeira vez em publicações de horticultura do século XVIII.

## 4. 1. 3. Características de qualidade

A qualidade da colheita do canteiro elevado é determinada por vários fatores e pode ser otimizada por meio de medidas específicas. Um indicador importante de rendimentos de alta qualidade é a aparência externa do produto colhido. Preste atenção especial à firmeza, cor e textura da superfície. Por exemplo, os tomates devem apresentar uma coloração uniforme, sem manchas verdes ou marrons, e devem ser firmes, sem áreas moles.

A qualidade interna muitas vezes só se revela ao cortar ou processar. Cenouras, por exemplo, devem ter um núcleo laranja contínuo, sem partes lenhosas ou descoloridas. No caso do nabo, uma parte interna macia e não fibrosa é uma característica de qualidade importante. Para promover essa qualidade interna, é crucial uma nutrição equilibrada durante a fase de crescimento [s213]. Na prática, isso significa: não fertilize excessivamente com nitrogênio, pois isso pode levar a um crescimento exuberante, mas afeta negativamente a firmeza e a durabilidade. Um aspecto de qualidade frequentemente subestimado é a capacidade de armazenamento. Legumes colhidos e armazenados de forma ideal duram significativamente mais e mantêm melhor seus nutrientes. Legumes de raiz, como cenouras, pastinacas ou beterrabas, devem ser colhidos apenas após a maturação completa, quando atingem seu tamanho máximo. Armazene-os em uma caixa com areia levemente úmida a cerca de 2-4°C. A intensidade do sabor é outra característica de qualidade importante. Esta é amplamente influenciada pelo momento certo da colheita. Ervas, por exemplo, desenvolvem seu aroma mais intenso pouco antes da floração. É melhor colhê-las de manhã cedo, quando os óleos essenciais estão mais concentrados. No caso de legumes frutíferos, como tomates ou pimentões, o teor de açúcar aumenta com a maturação, o que impacta positivamente o sabor. Particularmente importante para a qualidade é a prevenção de

*Cenouras* [i31]

pragas e doenças [s213]. Um método comprovado é a cultura mista, onde as plantas se apoiam mutuamente. Plante, por exemplo, tagetes entre seus tomates - isso reduz naturalmente a infestação por nematoden. O manjericão ao lado dos tomates não apenas melhora seu sabor, mas também afasta certas pragas. A textura dos vegetais é outra característica de qualidade importante. Especialmente em vegetais folhosos, como alface ou espinafre, a crocância é um critério decisivo. Isso é influenciado pela irrigação adequada e pelo momento certo da colheita. Idealmente, regue pela manhã e evite o encharcamento, que pode levar à podridão. Um aspecto frequentemente negligenciado é a densidade de nutrientes. Esta depende fortemente da qualidade do solo [s213]. Um solo saudável e vivo, com substância orgânica suficiente e vida do solo ativa, resulta em rendimentos mais ricos em nutrientes. Trabalhe regularmente com composto bem decomposto e faça cobertura das camas para promover a vida do solo. A durabilidade após a colheita é amplamente determinada pelo manuseio adequado. Evite pontos de pressão e lesões durante a colheita e o transporte. Armazene diferentes tipos de vegetais separadamente, pois algumas variedades, como maçãs, liberam o gás de amadurecimento etileno, que faz com que outros produtos amadureçam mais rapidamente.

## Glossário

**Etileno**

Um hormônio vegetal gasoso que é produzido naturalmente pelas plantas e controla o processo de amadurecimento. É incolor e inodoro.

### 4. 1. 4. Tratamento pós-colheita

O tratamento pós-colheita adequado é crucial para a qualidade e durabilidade dos vegetais colhidos. Vários fatores, como limpeza, secagem e armazenamento, desempenham um papel importante. Uma limpeza minuciosa da colheita é o primeiro passo importante. É fundamental prestar atenção às condições higiênicas para evitar doenças transmitidas por alimentos [s214]. Vários agentes estão disponíveis para desinfecção: soluções de cloro são tradicionalmente amplamente utilizadas, sendo que o pH da água deve estar entre 6,5 e 7,5. Como alternativa moderna, o ozônio se apresenta, que desinfeta de forma semelhante, mas gera menos subprodutos indesejados. O ácido peracético (PAA) também é uma opção aprovada para a produção orgânica [s214]. A secagem é especialmente importante para cebolas e tubérculos. As cebolas, por exemplo, necessitam de condições de secagem ideais de 20-30°C com cerca de 70% de umidade relativa por pelo menos 12-24 horas [s215]. Uma dica prática: ao colher, deixe cerca de 5-8 cm do pescoço na cebola e certifique-se de que ele permaneça firme. Separe os exemplares danificados antes do armazenamento, pois estes podem comprometer a durabilidade das cebolas saudáveis. Para tubérculos como batatas, é importante escolher o momento certo da colheita. Colha os tubérculos antes que fiquem excessivamente maduros, pois podem rachar, o que reduz significativamente sua capacidade de armazenamento [s216]. Antes da colheita, remova o material de cobertura e livre o canteiro de ervas daninhas para criar condições de secagem ideais. O armazenamento adequado é a chave para a preservação da qualidade a longo prazo. Cada tipo de vegetal tem requisitos específicos de temperatura e umidade [s217]. As cebolas, por exemplo, devem ser armazenadas a 0°C e 65-70% de umidade relativa, evitando luz direta, pois isso pode causar o verdeamento das cascas externas [s215]. Um aspecto frequentemente negligenciado é a importância da maturidade na qualidade do armazenamento. Vegetais colhidos imaturos não apenas têm menor valor nutricional, mas também são mais difíceis de armazenar [s217]. Desenvolva uma sensibilidade para o momento ideal de maturação de suas culturas e documente suas experiências em um diário de jardinagem. Para a prática, recomenda-se a criação de diferentes zonas de armazenamento com condições climáticas variadas. Um porão fresco e escuro, por exemplo, é excelente para vegetais de raiz, enquanto culturas que preferem secura, como cebolas e alho, devem ser armazenadas em um ambiente arejado e seco. Controles regulares dos vegetais armazenados são essenciais. Remova imediatamente os exemplares que apresentem sinais de podridão ou mofo para evitar a propagação. Preste atenção também à circulação de ar adequada entre os produtos armazenados. O tratamento pós-colheita começa já na colheita. Evite lesões mecânicas, pois estas representam portas de entrada para patógenos e podem reduzir drasticamente a durabilidade [s215]. Utilize ferramentas de colheita adequadas e transporte a colheita com cuidado.

*Maturidade de colheita* [i32]

## Glossário

**Ozônio**
Um gás composto por três átomos de oxigênio, que atua como um forte agente oxidante e se decompõe em oxigênio normal após um curto período

**Ácido peracético**
Um ácido orgânico composto por ácido acético e peróxido de hidrogênio, utilizado como desinfetante ecológico

## 4. 1. 5. Minimização de perdas na colheita

A minimização de perdas na colheita começa já na concepção da horta elevada e nos cuidados durante a fase de crescimento. Um fator decisivo é a proteção contra as intempéries. Mini-estufas feitas de tubos de PVC oferecem uma proteção contra o frio de forma econômica e eficaz, variando de três a seis graus [s218]. Estas podem ser cobertas com plástico e devem ser utilizadas até as noites quentes, para proteger plantas sensíveis. Coberturas de fileiras e túneis baixos são particularmente eficazes, não apenas para impedir o frio, mas também para manter insetos e doenças afastados [s219]. Na prática, é aconselhável instalar essas proteções já no momento do plantio das mudas. Certifique-se de que as coberturas estejam bem fixadas nas laterais, mas que também garantam uma ventilação adequada. Uma técnica frequentemente subestimada para a minimização de perdas é elevar os frutos do solo. Por exemplo, coloque pedaços de madeira sob abóboras ou melões para evitar a decomposição causada pela umidade do solo [s220]. Para tomates e pepinos, recomenda-se o uso de suportes com estacas ou cordas, o que não apenas melhora a ventilação dos frutos, mas também facilita a colheita. A proteção contra pragas desempenha um papel central. Cestos de arame, feitos em casa ou comprados, podem proteger efetivamente contra pragas maiores. A parte superior do cesto deve permanecer alguns centímetros acima do solo [s221]. Para pragas menores, como lesmas, armadilhas têm se mostrado eficazes e devem ser estrategicamente colocadas ao redor das novas mudas [s220]. Uma abordagem sustentável para o controle de pragas é a promoção de insetos benéficos. Crie habitats por meio da diversidade de plantas e pequenos pontos de água [s222]. A paciência é fundamental - muitos problemas aparentes de pragas se regulam sozinhos quando se dá tempo ao equilíbrio natural. Utilize insetos benéficos apenas como último recurso. A qualidade do solo é fundamental para plantas saudáveis e resistentes. Um sistema de compostagem em várias etapas e a integração de plantas de adubação verde podem melhorar a fertilidade do solo de forma sustentável [s222]. Culturas de cobertura soltam solos pesados e criam condições ideais de crescimento para vegetais de raiz [s223]. O controle e os cuidados regulares são essenciais. Desenvolva uma rotina de inspeção do jardim, onde você procura sinais de doenças ou infestação de pragas. Documente suas observações em um diário de jardinagem para reconhecer padrões precocemente e agir preventivamente. Um aspecto frequentemente negligenciado é a utilização de partes das plantas que normalmente são consideradas resíduos. Muitas podas podem ser utilizadas na cozinha [s224], como folhas jovens de abóbora como vegetais ou brotos de tomate como tempero aromático para molhos. A criação de um jardim sem revolvimento do solo pode contribuir a longo prazo para a redução de perdas na colheita, pois promove a vida do solo e fortalece a resistência natural das plantas [s222]. Combine isso com uma camada de cobertura cuidadosa, que não apenas suprime ervas daninhas, mas também regula a umidade do solo [s223].

## Glossário

**Jardim sem revolvimento do solo**
Uma técnica de cultivo onde o solo não é arado. Isso preserva a estrutura do solo, mantém microorganismos e promove um crescimento saudável das raízes.

**Resumo - 4. 1. Técnicas de Colheita**

- A técnica Cut-and-Come-Again permite uma segunda colheita em saladas após 3-4 semanas, cortando a 2,5-3,8 cm acima do solo.
- Os restos de raízes no solo desempenham funções ecológicas importantes e deixam canais de ar naturais contra a compactação do solo.
- As cebolas necessitam de condições de secagem de 20-30°C com 70% de umidade do ar por 12-24 horas após a colheita.
- Soluções de cloro para desinfecção requerem um pH entre 6,5 e 7,5.
- Mini-estufas feitas de tubos de PVC oferecem proteção contra geadas de três a seis graus.
- Ervas desenvolvem seu aroma mais intenso pouco antes da floração.
- Tagetes entre tomates reduz naturalmente a infestação por nematoides.
- Ozônio e ácido peracético são alternativas modernas para desinfecção com menos subprodutos.
- As cebolas devem ser armazenadas a 0°C e 65-70% de umidade relativa do ar, sem luz direta.
- A semeadura sucessiva permite uma colheita contínua ao longo de períodos mais longos por meio de semeadura escalonada.

## 4. 2. 0. Armazenamento

A armazenagem adequada de produtos colhidos e materiais de jardim é fundamental para sua durabilidade e qualidade. Mas como organizar um espaço de armazenamento funcional? Qual é o papel da temperatura e da umidade na conservação? E quais métodos permitem conservar produtos sensíveis de forma ideal? Desde a disposição cuidadosa do espaço até o controle preciso do clima e a embalagem adequada – uma gestão de armazenamento bem-sucedida requer uma abordagem sistemática e conhecimento básico. As seções a seguir mostram passo a passo como armazenar seus valiosos produtos de jardim de forma ideal e protegê-los da deterioração.

*„Não lave os vegetais antes de armazená-los, pois isso acelera a deterioração. Em vez disso, remova cuidadosamente apenas a terra solta e armazene os vegetais somente após estarem completamente secos.“*

### 4. 2. 1. Configuração de armazéns

Um armazém bem organizado é o coração da jardinagem bem-sucedida em canteiros elevados. A configuração correta não apenas economiza tempo no trabalho diário, mas também protege ferramentas e materiais de jardinagem valiosos contra danos e perda de valor. Primeiramente, o armazém deve ser seco e bem ventilado. Uma umidade relativa de 50-60% é ideal para evitar a formação de ferrugem em ferramentas de metal e o crescimento de mofo em materiais orgânicos. A instalação de um higrômetro e, se necessário, um desumidificador é aconselhável. Pequenos ventiladores de parede podem ajudar a melhorar a circulação do ar. A configuração do piso merece atenção especial. Um piso de concreto selado é recomendado, pois é fácil de limpar e não permite a passagem de umidade de baixo. Para mais conforto ao ficar em pé por longos períodos, é aconselhável cobrir com tapetes de borracha antiderrapantes em áreas de alto tráfego. Na divisão do espaço, o princípio das zonas tem se mostrado eficaz: a primeira zona, próxima à entrada, deve abrigar ferramentas frequentemente utilizadas, como pás manuais, regadores e luvas. Práticos são os ganchos na parede ou um carrinho de ferramentas. A zona intermediária é adequada para equipamentos sazonais, como bandejas de semeadura ou ferramentas de corte. A zona traseira é ideal para itens raramente utilizados, como materiais de reserva ou proteção para o inverno. As prateleiras devem ser montadas em diferentes alturas. Como regra geral, itens pesados devem ser colocados na altura da cintura (cerca de 80-90 cm), enquanto materiais leves podem ser armazenados na parte superior. É importante garantir a capacidade de carga adequada - prateleiras de metal galvanizado com uma carga mínima de 100 kg por prateleira têm se mostrado eficazes. Deve haver um espaço de passagem de pelo menos 100 cm entre as prateleiras. Para sementes e materiais sensíveis, recomenda-se um armário trancável com várias gavetas. O ideal é um armazenamento a uma temperatura constante de 10-15°C. Recipientes herméticos rotulados protegem as sementes da umidade e pragas. Uma lista de inventário na porta do armário ajuda na organização. A iluminação desempenha um papel importante: uma combinação de iluminação geral (luminárias de teto LED com pelo menos 300 Lux) e iluminação direcionada para o local de trabalho tem se mostrado eficaz. Sensores de movimento na entrada são práticos e economizam energia. Para fertilizantes e pesticidas, deve haver uma área separada, trancável e bem ventilada. Armários de metal com bandejas de contenção são obrigatórios. O armazenamento deve ser organizado, com rotulagem clara e classificado por finalidade. Uma pequena bancada (cerca de 150 x 60 cm) para reparos e preparações de plantio também é prática. Acima, pode-se instalar uma parede de ferramentas com perfis de sombra - assim, cada ferramenta tem seu lugar fixo e a falta de uma ferramenta é imediatamente notada. Para equipamentos maiores, como carrinhos de mão ou motocultivadores, deve haver uma área própria, idealmente com acesso direto ao exterior. Ganchos de parede para armazenamento vertical economizam espaço. A organização de pequenos itens, como arame de amarração, etiquetas de plantio ou acessórios de irrigação, é bem feita com caixas de plástico transparentes de diferentes tamanhos. Uma rotulagem uniforme com etiquetas à prova d'água facilita a localização. Um pequeno espaço de trabalho com uma superfície para planejamento e documentação de jardinagem completa a configuração. Aqui, também podem ser armazenados livros de jardinagem, catálogos e registros pessoais de jardinagem. Não se deve esquecer de um kit de primeiros socorros e uma pequena estação de limpeza com pia, se possível. Um recipiente robusto para resíduos de jardinagem e uma área de reciclagem para vasos de plantas e embalagens também devem ser planejados. A manutenção regular da instalação de armazenamento é importante: verificações trimestrais para parafusos soltos, iluminação defeituosa ou sinais de ferrugem ajudam a manter a funcionalidade. Uma limpeza de primavera anual com inventário proporciona uma visão geral e organização para a nova temporada de jardinagem.

*Armazém* [i33]

*armário metálico* [i34]

Glossário

**Higrômetro**
Um dispositivo de medição para determinar a umidade do ar. Ele mostra o teor de umidade do ar em porcentagem e ajuda a monitorar o clima do ambiente.

## 4. 2. 2. Controle de temperatura

A correta gestão da temperatura é um fator decisivo para o armazenamento bem-sucedido e o crescimento ideal das plantas em canteiros elevados. A maioria das plantas se desenvolve melhor em temperaturas entre 18-26°C [s225]. Essa faixa oferece condições ideais para processos metabólicos e crescimento equilibrado. Na prática, recomenda-se a instalação de um termômetro com indicação de mínimo-máximo para monitorar as variações de temperatura. Particularmente interessante é a influência das temperaturas noturnas no desenvolvimento das plantas. Noites mais frescas promovem uma floração precoce, enquanto temperaturas noturnas muito quentes podem atrasar o momento da floração [s226]. Os jardineiros podem aproveitar isso, utilizando, por exemplo, mantas no início da primavera para amenizar as quedas de temperatura noturnas e, assim, controlar a floração de forma direcionada. No armazenamento da colheita, o controle de temperatura desempenha um papel central. Legumes de raiz se mantêm entre 0-2°C e alta umidade do ar por até quatro meses [s227]. Uma dica prática: crie diferentes zonas de armazenamento com faixas de temperatura distintas. Um espaço de armazenamento fresco e terroso é excelente para legumes de raiz, enquanto outras áreas podem ser um pouco mais quentes. É importante observar o fenômeno da Dormância - uma fase de repouso natural das plantas. Esta é amplamente controlada pela temperatura e pela luz [s228]. As plantas possuem, surpreendentemente, uma "memória de temperatura", que as ajuda a reconhecer o momento ideal para o fim da fase de repouso. Na prática, isso significa que plantas perenes precisam de um certo período de frio para brotar de forma ideal na primavera. O estresse térmico pode causar problemas significativos. Em temperaturas acima de 35°C ou abaixo de 10°C, as plantas podem reagir com reações de crescimento indesejadas [s229]. Um problema comum é o "Bolzen" em temperaturas muito altas, que ocorre especialmente em alfaces e crucíferas. Para evitar isso, recomenda-se o uso de redes de sombreamento em dias quentes de verão. Na germinação, a temperatura desempenha um papel particularmente crítico. Abaixo de 15°C, a germinação de muitas espécies estagna, enquanto a temperatura ideal para a germinação muitas vezes é significativamente mais alta [s230]. Para a prática, isso significa: utilize bandejas de semeadura com termômetro e, possivelmente, tapetes aquecidos para temperaturas de germinação uniformes na primavera. Um aspecto frequentemente negligenciado é o armazenamento de vegetais colhidos. Não lave os vegetais antes do armazenamento [s231], pois isso acelera a deterioração. Em vez disso, remova cuidadosamente a terra solta e armazene os vegetais apenas após a secagem completa. Para a implementação prática, recomenda-se a criação de um sistema de monitoramento de temperatura. Termômetros digitais com função de alarme podem alertar sobre desvios críticos de temperatura. Em grandes áreas de armazenamento, vários pontos de medição são úteis, pois zonas de temperatura podem se formar. A gestão da temperatura também deve considerar as variações sazonais. No inverno, medidas adicionais de isolamento são importantes, enquanto no verão uma ventilação adequada é crucial. Sistemas de ventilação automáticos que operam de forma controlada pela temperatura podem ser de grande ajuda aqui. Uma gestão de temperatura bem pensada também inclui planos de emergência para situações climáticas extremas. Por exemplo, mantenha filmes de proteção contra geadas para noites frias e planeje opções de ventilação para períodos de calor. Dispositivos móveis de aquecimento ou resfriamento podem ser de grande valor em situações críticas.

*Dormência* [i35]

**Bolzen**

Um florescimento prematuro da planta, que resulta em colheitas de qualidade inferior, especialmente em vegetais folhosos. A planta forma um longo caule floral e geralmente se torna amarga e não comestível.

**Dormância**

Uma fase de repouso biológico das plantas, desencadeada por fatores internos e externos. Serve para proteção contra condições ambientais adversas e para a sincronização do crescimento com as estações do ano.

## 4. 2. 3. Umidade do ar

A umidade do ar desempenha um papel central no armazenamento de produtos e materiais de jardinagem. Enquanto uma umidade relativa entre 30 e 50 por cento é ideal para o armazenamento geral [s232], diferentes produtos armazenados têm requisitos distintos. Essas diferenças devem ser consideradas ao estabelecer várias zonas de armazenamento. Sementes e cebolas reagem de forma particularmente sensível a uma umidade excessiva. Para esses materiais, devem ser criadas áreas separadas e bem ventiladas. Uma solução prática é a instalação de pequenos ventiladores que garantem uma circulação de ar constante. Além disso, pacotes de silicagel podem absorver a umidade excessiva nos recipientes de armazenamento. O controle da umidade do ar começa já no armazenamento: produtos colhidos devem ser armazenados apenas quando completamente secos. Uma dica prática é a pré-seleção e secagem dos produtos em uma área separada e bem ventilada. A regra de 24-48 horas se aplica: dentro desse período, materiais molhados ou úmidos devem ser secos para evitar a formação de mofo [s232]. Para diferentes áreas de armazenamento, recomenda-se diferentes zonas de umidade. Estas podem ser criadas por meio de ventilação direcionada e o uso de desumidificadores ou umidificadores. Um exemplo prático é o armazenamento de tubérculos: estes necessitam de uma umidade mais alta, semelhante aos ciclames (Cyclamen) [s233]. Aqui, pode-se utilizar a técnica dos jardineiros, colocando pedras em pratos rasos com água, que são colocados sob as prateleiras de armazenamento. A umidade que evapora cria um microclima ideal. A tecnologia moderna pode ser muito útil na monitorização da umidade do ar. Higrômetros inteligentes Hygrometer com função de alarme alertam sobre valores críticos. Alguns modelos permitem até a monitorização remota via aplicativo para smartphone. Para grandes áreas de armazenamento, recomenda-se a instalação de vários pontos de medição, pois diferentes zonas de umidade podem se formar. A circulação do ar desempenha um papel decisivo na regulação da umidade. Um sistema de ventilação bem pensado deve combinar ventilação natural e mecânica. Ventiladores com temporizador têm se mostrado práticos, especialmente nas primeiras horas da manhã, quando o ar externo ainda está fresco e seco. Ao planejar a ventilação do espaço de armazenamento, a estação do ano também deve ser considerada. No inverno, quando o ar externo é frio e seco, a ventilação direcionada pode reduzir a umidade. No verão, por outro lado, quando o ar externo é frequentemente úmido, deve-se intensificar a desumidificação mecânica. Um aspecto frequentemente subestimado é a influência dos materiais de embalagem na umidade do ar. Recipientes de plástico podem formar condensação, enquanto caixas de papelão absorvem umidade. Uma solução é o uso de materiais respiráveis, como sacos de juta ou sacos de armazenamento especiais com aberturas de ventilação. Controles regulares são essenciais: pelo menos uma vez por semana, as áreas de armazenamento devem ser verificadas quanto a sinais de umidade excessiva, como condensação ou formação de mofo. Um protocolo de controle ajuda a identificar áreas problemáticas e otimizar as medidas corretivas.

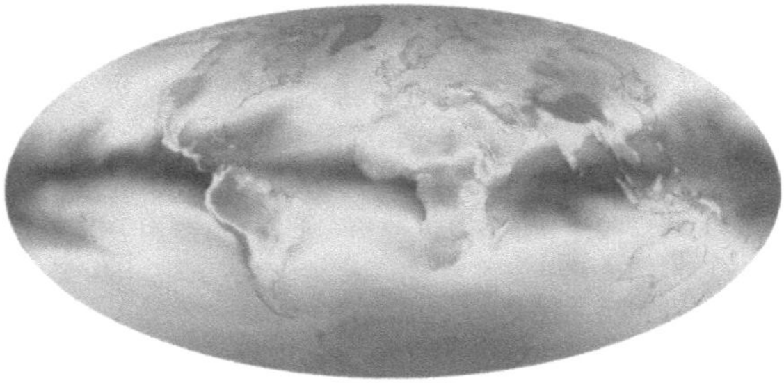

*Humidade* [i36]

**Cyclamen**
Um gênero de plantas da família das primulas, também conhecido como violeta alpina. Os tubérculos desta planta requerem condições de armazenamento especiais.

**Higrômetro**
Um dispositivo de medição para determinar a umidade do ar. Existem dispositivos analógicos com uma escala de medição e variantes digitais com display LCD.

## 4. 2. 4. Métodos de embalagem

A embalagem e conservação adequadas da colheita são decisivas para uma longa durabilidade. Diferentes métodos são adequados para diferentes produtos da horta elevada. O congelamento é um dos métodos de conservação mais simples e eficazes [s234]. É importante realizar o branqueamento prévio, que desativa as enzimas e, assim, prolonga a durabilidade [s235]. Após o branqueamento, os alimentos devem esfriar completamente antes de serem congelados. Utilize sacos ou recipientes de congelamento especiais com fechamento hermético. Uma dica prática: porcione os alimentos antes de congelá-los em quantidades domésticas e rotule os recipientes com o conteúdo e a data. Para a conserva, outro método comprovado, frascos de conserva de alta qualidade com tampa auto-fechante são essenciais [s236]. O processamento deve idealmente ocorrer dentro de 6-12 horas após a colheita. Antes de encher, os frascos devem ser esterilizados minuciosamente. Um truque comprovado é aquecer os frascos no forno a 100°C por 15 minutos. Na escolha do método de conserva, o teor de acidez dos alimentos é decisivo. Enquanto frutas ácidas podem ser conservadas em banho-maria, vegetais com baixo teor de acidez requerem o método de conserva sob pressão [s236]. Isso é especialmente importante para excluir o risco de botulismo. A desidratação é excelente para ervas, frutas e certos tipos de vegetais [s234]. Desidratadores modernos oferecem várias configurações de temperatura para diferentes alimentos. Uma dica alternativa econômica: ervas podem ser amarradas e secas de cabeça para baixo em um ambiente arejado e escuro. A fermentação está passando por um renascimento [s234]. Este método tradicional é especialmente adequado para vegetais crucíferos, como repolho ou couve. Utilize potes de fermentação especiais ou grandes frascos de conserva com tampa de fermentação. Os vegetais devem estar completamente cobertos por salmoura. Para o armazenamento de vegetais de raiz, materiais respiráveis têm se mostrado eficazes. Utilize sacos de juta ou redes de vegetais especiais que permitam uma certa circulação de ar. Um truque antigo de jardineiro é embrulhar em papel jornal levemente úmido, que deve ser trocado regularmente. Ao armazenar sementes, recipientes herméticos e opacos são ideais. Pequenos sacos de papel em frascos fecháveis têm se mostrado eficazes, pois podem absorver a umidade residual. Rotule cada saco com a variedade, ano da colheita e eventuais particularidades. Para alimentos congelados, aplica-se a regra de um ano [s235]. Embora teoricamente possam durar indefinidamente, o sabor e a qualidade podem diminuir após esse período. Mantenha uma lista de congelados para ter controle. O descongelamento adequado é tão importante quanto o congelamento. Sempre descongele alimentos congelados na geladeira, nunca à temperatura ambiente [s235]. Isso evita a formação de germes prejudiciais à saúde. Para cada método de conservação, a documentação é importante. Mantenha um diário de armazenamento com data, método e quantidade. Anote também ocorrências ou experiências especiais - isso ajuda na otimização para a próxima temporada.

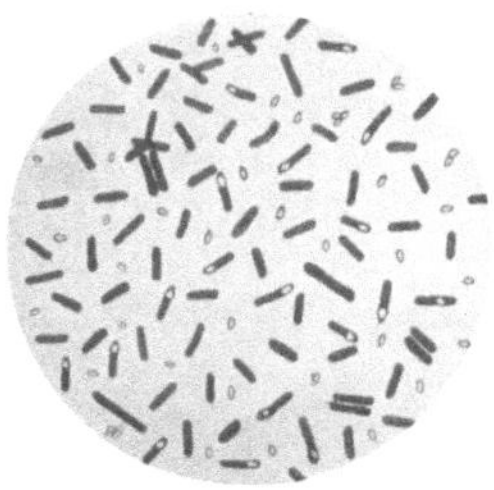

*Botulismo* [i37]

**Botulismo**

Uma intoxicação potencialmente fatal causada por toxinas bacterianas, que pode ocorrer especialmente em alimentos conservados de forma inadequada. Causada pela bactéria Clostridium botulinum.

**Branqueamento**

Aquecimento breve de vegetais ou frutas em água fervente, seguido de resfriamento em água gelada. Este método intensifica as cores e melhora a textura.

**Desidratação**

Remoção de água dos alimentos, impedindo a multiplicação de microrganismos. Um dos métodos de conservação mais antigos da humanidade.

**Fermentação**

Processo de transformação biológica por microrganismos, que não apenas conserva, mas também gera novos sabores e substâncias benéficas à saúde.

## 4. 2. 5. Evitar pragas de armazenamento

A prevenção de pragas de armazenamento começa já na preparação adequada dos espaços de armazenamento. Uma limpeza minuciosa e inspeções regulares são as principais medidas preventivas. Especialmente nos cantos e fendas, as pragas podem se instalar, razão pela qual essas áreas merecem atenção especial. Meios de defesa naturais têm se mostrado eficazes na prática. O alecrim, por exemplo, não apenas afasta baratas e mosquitos, mas também pode ser pendurado decorativamente em feixes [s237]. Cascas de cítricos também podem ser colocadas estrategicamente para manter insetos voadores afastados - um truque simples, mas eficaz, da conservação tradicional [s237]. Ao armazenar batatas e vegetais de raiz, recomenda-se a instalação de armadilhas para larvas de batata. Para isso, metades de batatas ou cenouras são enterradas a pequenas distâncias no solo [s238]. Este método permite detectar pragas precocemente e combatê-las de forma direcionada, antes que se espalhem pelo espaço de armazenamento. O controle da umidade desempenha um papel central na prevenção de pragas. A rega matinal tem se mostrado vantajosa, pois o solo pode secar até a noite [s239]. Isso não apenas reduz a atividade de lesmas, mas também cria condições desfavoráveis para outras pragas que gostam de umidade. Para produtos de armazenamento especialmente sensíveis, como sementes ou ervas secas, podem ser considerados meios de proteção químicos, como bolas de naftalina. No entanto, deve-se ter extrema cautela - elas devem ser usadas exclusivamente em recipientes hermeticamente fechados para evitar riscos à saúde devido aos vapores que se escapam [s240]. Uma alternativa biológica para o controle de pragas é o uso de nematoden [s238]. Esses vermes microscópicos são inimigos naturais de muitas pragas de armazenamento. Embora esse método seja mais caro, oferece uma proteção sustentável e ecológica. Métodos de armazenamento inovadores, como o uso de contêineres ou sistemas de prateleiras elevadas, podem oferecer proteção adicional [s239]. Essa barreira física dificulta o acesso das pragas aos produtos armazenados. Combinado com inspeções regulares e o uso de repelentes naturais, como alho ou óleos cítricos [s237], cria-se um sistema de defesa em várias camadas. A documentação de infestações de pragas e medidas corretivas bem-sucedidas é essencial. Um diário detalhado ajuda a reconhecer padrões sazonais e a tomar medidas preventivas em tempo hábil. Anote também detalhes aparentemente insignificantes, como condições climáticas ou temperaturas de armazenamento, pois essas informações podem fornecer insights valiosos a longo prazo. A rotação regular dos produtos armazenados evita que as pragas se instalem permanentemente. O princípio do primeiro a entrar, primeiro a sair é aplicável, o que não apenas é sensato do ponto de vista higiênico, mas também facilita o controle do estoque. Um aspecto frequentemente negligenciado é a importância da circulação de ar. Ambientes bem ventilados dificultam a instalação de pragas. A instalação de pequenos ventiladores ou a ventilação regular pode já fazer uma diferença significativa. A escolha de variedades resistentes ao armazenar também pode contribuir para a prevenção de pragas [s239]. Essas variedades foram especialmente cultivadas para serem menos suscetíveis a determinadas pragas, o que reduz o esforço para medidas de proteção.

## Glossário

**Princípio do primeiro a entrar, primeiro a sair**
Método de armazenamento em que os produtos armazenados primeiro são os primeiros a serem retirados, garantindo a frescura e qualidade ideais dos produtos.

**Repelente**
Meios de defesa que mantêm as pragas afastadas por meio de seu odor ou outras propriedades, sem matá-las.

**Resumo - 4. 2. Armazenamento**

- Um higrômetro e desumidificador são essenciais para a umidade do ar ideal de 50-60% no espaço de armazenamento.
- Prateleiras devem suportar objetos pesados na altura da cintura (80-90 cm) e ter uma capacidade de carga mínima de 100 kg por prateleira.
- A iluminação LED básica requer pelo menos 300 Lux.
- A temperatura ideal de armazenamento para sementes é de 10-15°C.
- Vegetais de raiz podem ser armazenados a 0-2°C por até quatro meses.
- Acima de 35°C ou abaixo de 10°C, as plantas reagem com reações de crescimento indesejadas.
- A germinação de muitas espécies estagna abaixo de 15°C.
- Pacotes de gel de sílica absorvem a umidade excessiva em recipientes de armazenamento.
- A regra de 24-48 horas afirma que materiais úmidos devem ser secos dentro desse período.
- Pedras de sílica em tigelas de água sob prateleiras de armazenamento criam um microclima ideal para tubérculos.
- Branquear desativa enzimas e prolonga a durabilidade ao congelar.
- Vegetais de baixo teor de ácido requerem o método de conserva sob pressão para prevenção de botulismo.
- Nematóides oferecem uma alternativa biológica para o controle de pragas.
- Alecrim e cascas de cítricos atuam como repelentes naturais contra pragas de armazenamento.

## 4. 3. 0. Processamento

O que acontece com a rica colheita do nosso canteiro elevado quando não podemos consumi-la imediatamente? Como preservamos as valiosas vitaminas e nutrientes pelo maior tempo possível? E quais métodos de processamento são especialmente adequados para cada tipo de legume? O processamento da colheita do canteiro elevado é um tema fascinante que vai muito além do simples congelamento. Desde a fermentação tradicional até o moderno desidratador, hoje temos diversas opções para conservar nossos alimentos cultivados. Não apenas a técnica correta desempenha um papel importante - a higiene cuidadosa e a compreensão dos processos fundamentais também são decisivas para o sucesso. As seções a seguir mostram passo a passo como processar sua colheita de maneira adequada e extrair o máximo proveito do seu canteiro elevado.

> *„Antes de congelar, os legumes devem ser branqueados - para isso, são mergulhados brevemente em água fervente e, em seguida, resfriados em água com gelo para interromper os processos enzimáticos.“*

## 4. 3. 1. Métodos de conservação

A conservação de alimentos da própria horta permite desfrutar da colheita durante todo o ano. Existem diferentes métodos comprovados disponíveis, que se adequam de maneira diferente dependendo do tipo de vegetal e do resultado final desejado [s241]. O congelamento é um dos métodos de conservação mais simples e populares. Especialmente prático: a maioria dos nutrientes e o sabor fresco permanecem amplamente preservados [s242]. Antes de congelar, os vegetais devem ser bem lavados. Um passo intermediário importante é o blanchimento - nesse processo, os vegetais são mergulhados brevemente em água fervente e, em seguida, resfriados em água com gelo. Isso interrompe processos enzimáticos que, de outra forma, afetariam o sabor, a cor e os nutrientes [s243]. Dica prática: para pratos de wok ou sopas, certos vegetais podem ser congelados sem blanchimento. Cenouras e abobrinhas podem ser facilmente congeladas raladas - porções perfeitas para uso posterior em bolos ou sopas [s243]. Outro método clássico é a conserva. Aqui, os alimentos são colocados em frascos e preservados por aquecimento [s244]. É importante distinguir entre alimentos ácidos e não ácidos: enquanto frutas e conservas podem ser processadas em banho-maria, vegetais e carnes requerem uma panela de pressão [s241]. Uma dica prática: antes da temporada de conservas, todos os utensílios devem ser verificados. A verificação das vedações e do manômetro na panela de pressão é especialmente importante [s245]. A secagem é um dos métodos de conservação mais antigos e especialmente econômica em termos de espaço [s246]. Com um desidratador, é mais fácil, mas o forno também é adequado: mantenha a porta entreaberta e ajuste para uma temperatura baixa, a fim de garantir uma boa circulação de ar [s245]. Métodos tradicionais como salgar, oleação ou a fermentação (fermentation) estão passando por um renascimento atualmente [s247]. Eles não são apenas econômicos e energeticamente eficientes, mas a fermentação também gera culturas bacterianas benéficas à saúde. Um exemplo prático: para vegetais fermentados, os ingredientes cortados são pressionados firmemente em um frasco, cobertos com salmoura e fermentados por alguns dias à temperatura ambiente. Para o armazenamento, a regra geral é: sacos ou recipientes de congelamento devem ter o símbolo de floco de neve e serem hermeticamente fecháveis [s245]. Produtos secos também devem ser armazenados de forma hermética [s241]. Para produtos enlatados, verifique se as vedações estão em perfeitas condições e se as tampas não estão danificadas. Uma dica especial para jardineiros de hortas elevadas: planeje a conservação já na semeadura. Por exemplo, plante feijões ou ervilhas em maior quantidade se você quiser congelar uma parte. Ervas são excelentes para secar, enquanto pepinos e abobrinhas em excesso são perfeitos para a produção de conservas. Observe as normas de higiene e os tempos de processamento correspondentes em todos os métodos de conservação. Em altitudes mais elevadas, os tempos de conserva devem ser ajustados, pois a água ferve a temperaturas mais baixas [s241]. O ideal é experimentar com quantidades menores para descobrir qual método funciona melhor para cada tipo de vegetal.

## Glossário

**Blanchimento**

Um método de pré-tratamento para vegetais, onde os alimentos são mergulhados em água fervente por 1-3 minutos. Isso inativa enzimas e facilita a remoção da pele em alguns tipos de vegetais, como tomates.

## 4. 3. 2. Fermentação

A fermentierung é um método de conservação fascinante que não apenas preserva alimentos, mas também aumenta seu valor nutricional [s248]. Neste processo, bactérias benéficas, especialmente as bactérias do ácido láctico (Lactobacillus), convertem açúcares em ácido láctico. Essa formação natural de ácido protege os alimentos da deterioração e cria um ambiente saudável [s249]. Particularmente notável é a variedade de vegetais que podem ser fermentados. Clássicos como repolho, pepinos e cenouras, mas também candidatos menos conhecidos como rabanetes de melancia ou pimentões banana podem ser facilmente fermentados [s250]. Um exemplo prático: Para fazer repolho fermentado (chucrute), corte o repolho finamente, misture-o com 2% de sal em relação ao seu peso e pressione-o firmemente em um recipiente de vidro limpo. Isso gera um líquido que deve cobrir os vegetais. Após 3-4 semanas em temperatura ambiente, o chucrute estará pronto. Os benefícios à saúde dos alimentos fermentados são impressionantes: eles apoiam a digestão, normalizam a pressão arterial e a frequência cardíaca, e possuem até propriedades anticancerígenas [s248]. Durante o processo de fermentação, substâncias nocivas como ácido fítico são neutralizadas, enquanto o teor de vitaminas, especialmente B, C e K, aumenta [s249]. Uma importante dica prática sobre armazenamento: ao contrário dos produtos conservados por calor, os alimentos fermentados devem ser mantidos na geladeira, pois altas temperaturas destruiriam os valiosos probióticos e enzimas [s248].

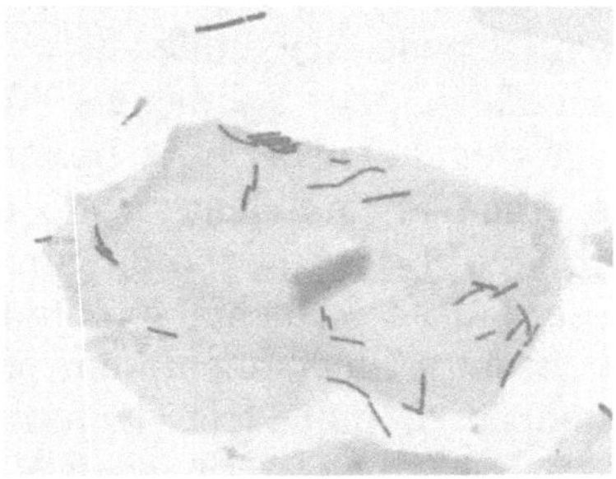

*Lactobacillus* [i38]

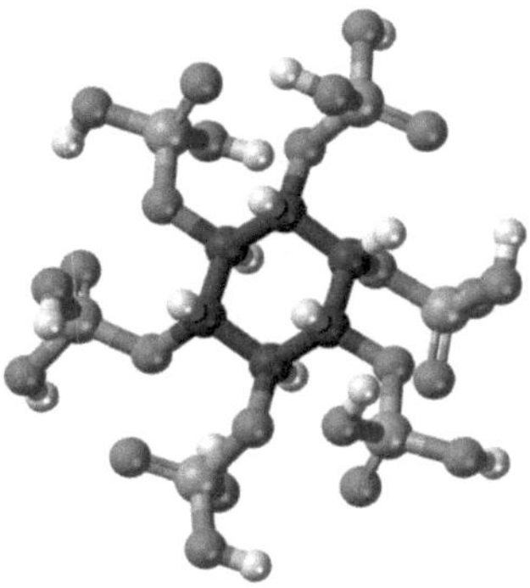

*Ácido fítico* [i39]

Com o armazenamento adequado, você pode desfrutar dos produtos fermentados por vários meses. Curiosamente, a fermentação não se aplica apenas ao processamento de alimentos. Na agricultura sustentável, os lactobacilos, por exemplo, são usados para controle de odores e melhoria do solo. Uma diluição de 1:100 (lactobacilos para água) pode ser utilizada como fertilizante foliar natural [s251]. A segurança dos alimentos fermentados é garantida pelo processo autorregulador: as boas bactérias deslocam microrganismos indesejados e criam um ambiente ácido que não dá chance a germes patogênicos como Clostridium botulinum [s252]. No entanto, deve-se ter cuidado especial ao fermentar produtos de carne e peixe - iniciantes devem se concentrar inicialmente em produtos vegetais. Um aspecto fascinante é também a influência da fermentação na cultura de plantas: enquanto sementes não fermentadas costumam germinar mais rapidamente [s253], a fermentação desempenha um papel central na compostagem. Aqui, microrganismos transformam material orgânico em valoso fertilizante [s254]. Para jardineiros de canteiros elevados, especialmente interessante: a compostagem com minhocas pode ser realizada de forma compacta na varanda ou dentro de casa. A barreira de entrada no mundo da fermentação é surpreendentemente baixa: com frascos limpos, sal de boa qualidade e vegetais frescos, você pode começar imediatamente [s255]. Uma dica para iniciantes: comece com pequenas quantidades e documente suas experiências. Assim, você desenvolverá uma sensação pelo processo e poderá reproduzir seus sucessos.

Glossário

**Ácido fítico**

Uma substância encontrada em plantas que pode inibir a absorção de minerais como ferro e zinco no corpo. Também é conhecido como inositolhexafosfato.

**Clostridium botulinum**

Uma bactéria que produz um dos venenos mais potentes conhecidos. Foi identificada pela primeira vez em 1895 como causa de intoxicações alimentares.

**Lactobacillus**

Um gênero de bactérias em forma de bastão que produzem ácido láctico. Elas ocorrem naturalmente no intestino humano e têm sido utilizadas na produção tradicional de alimentos por séculos.

**Probióticos**

Microrganismos vivos que, em quantidade suficiente, têm efeitos positivos sobre a saúde. O termo foi utilizado pela primeira vez de forma científica em 1965.

## 4. 3. 3. Secagem

A secagem de alimentos é um dos métodos de conservação mais antigos e energeticamente eficientes, especialmente interessante para jardineiros amadores. O processo de secagem remove a água dos alimentos e, assim, impede o crescimento de microorganismos que poderiam levar à deterioração [s256].

Particularmente, ervas do próprio canteiro são excelentes para secagem. Quando a colheita é maior do que a necessidade atual, a secagem oferece uma excelente maneira de preservação [s257]. As ervas secas mantêm grande parte de seus valiosos óleos essenciais e podem ser utilizadas durante todo o ano. Para resultados ótimos, é melhor colher as ervas cedo pela manhã, quando a umidade do orvalho já evaporou, mas o calor do meio-dia ainda não começou. Após a colheita, limpe as plantas cuidadosamente da sujeira, mas não lave, pois a umidade adicional prolonga o processo de secagem e aumenta o risco de mofo. Os métodos de secagem são variados e podem ser adaptados às possibilidades disponíveis. Um método tradicional é amarrar as ervas em feixes e pendurá-las em um local arejado e escuro. Ao fazer isso, não faça os feixes muito grossos e deixe espaço suficiente entre eles para garantir uma boa circulação de ar. Dispositivos modernos de secagem oferecem um ambiente controlado com temperatura e circulação de ar ideais. A temperatura deve estar entre 35°C e 40°C para preservar os valiosos ingredientes. Uma dica prática: não coloque as ervas ou fatias de vegetais a secar umas sobre as outras e vire-as ocasionalmente para resultados uniformes. O forno também é adequado para secagem, devendo ser escolhida a configuração de temperatura mais baixa. Deixe a porta do forno entreaberta, por exemplo, fixada com uma colher de madeira, para permitir a saída da umidade. Um ventilador adicional na frente do forno pode melhorar a circulação de ar. O tempo de secagem varia significativamente dependendo do

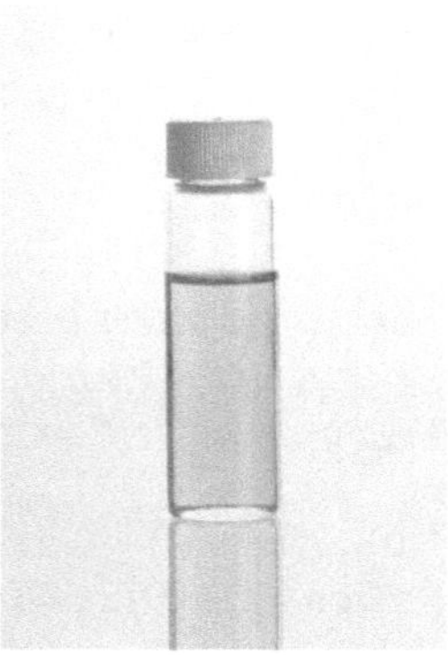

*óleos essenciais* [i40]

método e do produto. As ervas geralmente estão secas ao ar após 2-4 dias, enquanto no desidratador ou forno podem estar prontas em poucas horas. Os produtos estão suficientemente secos quando se quebram facilmente e fazem um estalo ao serem dobrados. Uma vantagem especial da secagem é a economia de espaço no armazenamento. Alimentos secos ocupam apenas uma fração de seu volume original e podem ser armazenados por vários meses a até um ano, se armazenados corretamente [s258]. Isso os torna uma reserva valiosa para períodos em que produtos frescos são escassos. O armazenamento é melhor feito em frascos hermeticamente fechados em um local escuro, fresco e seco. Rotule os frascos com o conteúdo e a data. Uma dica prática: coloque um pedaço de giz ou um saquinho de arroz dentro do frasco para absorver qualquer umidade residual que possa entrar. Além das ervas, muitos tipos de vegetais também são adequados para secagem. Tomates, pimentões, abobrinhas e cogumelos podem ser processados em produtos secos aromáticos. Estes podem ser posteriormente conservados em óleo ou adicionados diretamente a pratos, onde reabsorvem umidade e liberam seu intenso aroma. Outra vantagem da secagem é a possibilidade de compartilhar excedentes com outros [s257]. Ervas e vegetais secos são excelentes como presentes pessoais e promovem a troca na comunidade de jardineiros.

**microorganismo**
Seres vivos microscópicos, como bactérias, leveduras e fungos, que não são visíveis a olho nu. Podem ser tanto benéficos quanto prejudiciais para os alimentos.

**óleos essenciais**
Substâncias voláteis e altamente aromáticas das plantas, responsáveis pelo aroma e efeitos benéficos à saúde. Elas são compostas por várias ligações naturais, como terpenos e fenóis.

**desidratador**
Aparelho elétrico com várias prateleiras e controle de temperatura, desenvolvido especificamente para a secagem controlada de alimentos. Dispositivos modernos frequentemente possuem temporizadores e diferentes programas.

## 4. 3. 4. Conservação e Conservas

A conservação e a conserva são métodos comprovados de preservação, que são especialmente interessantes para jardineiros amadores. É importante observar alguns princípios básicos para produzir conservas seguras e saborosas [s259]. Na conservação, distingue-se entre dois métodos fundamentais: o "embalagem a frio" e o "embalagem a quente". Na embalagem a frio, os vegetais não tratados são colocados diretamente nos frascos, enquanto na embalagem a quente os ingredientes são blanchados previamente. Um exemplo prático é o processamento de aspargos: na embalagem a quente, os talos de aspargo são primeiro blanchados por 2-3 minutos antes de serem colocados nos frascos. Talos inteiros são particularmente adequados, pois não apenas são visualmente atraentes, mas também se encaixam de forma mais eficiente nos frascos [s260]. A segurança na conservação é a prioridade máxima. Ao contrário da culinária criativa, deve-se seguir receitas rigorosamente testadas ao fazer conservas. Apenas para ingredientes como sal, açúcar e especiarias são permitidas adaptações [s261]. Um fator importante é o phwert dos alimentos: produtos altamente ácidos podem ser conservados em banho-maria, enquanto alimentos com baixo teor de ácido requerem uma panela de pressão [s259]. Para a conservação em banho-maria, é necessário um recipiente grande o suficiente para que os frascos fiquem completamente cobertos com água fervente. Um exemplo clássico desse método é a conserva de beterrabas: as beterrabas são cozidas com mel, canela, cravo, sal e vinagre e colocadas quentes em frascos estéreis. A mistura de especiarias não apenas confere um sabor característico às beterrabas, mas também contribui para a durabilidade devido ao vinagre [s262].

Dicas práticas para uma conservação bem-sucedida:
- Use apenas frutas ou vegetais maduros e em perfeitas condições
- Esterilize bem os frascos e as tampas
- Não encha os frascos demais - deixe cerca de 2 cm de espaço livre
- Remova bolhas de ar batendo suavemente
- Verifique o vácuo após o resfriamento

As bases científicas da conservação são baseadas no controle de vários fatores, como pH, oxidação e crescimento microbiano. A combinação correta de calor, acidez e vedação hermética impede a multiplicação de microrganismos prejudiciais [s259]. Uma dica especial para jardineiros de canteiros elevados: planeje suas colheitas de forma que você possa processar grandes quantidades ao mesmo tempo. Isso economiza tempo e energia. Por exemplo, você pode planejar um "dia de conservação" quando os tomates estiverem maduros. Prepare todos os utensílios e trabalhe de forma sistemática - assim, o processamento se torna mais divertido e você obtém melhores resultados. O armazenamento dos produtos conservados deve ser idealmente em um local fresco, escuro e seco. Rotule os frascos com o conteúdo e a data. Verifique regularmente se as tampas ainda estão bem fechadas e se não há formação de mofo. Com o processamento e armazenamento adequados, os alimentos conservados podem durar vários meses até um ano.

### 4. 3. 5. Higiene no processamento

Na manipulação da colheita proveniente da horta elevada, uma higiene cuidadosa é essencial para evitar riscos à saúde. As três principais fontes de perigo são a contaminação microbiológica, química e física [s263]. Bactérias, vírus e parasitas são especialmente críticos, pois podem entrar nos alimentos durante o processamento por diferentes vias [s264]. Uma medida básica de higiene é a lavagem cuidadosa das mãos. As mãos devem ser lavadas com água morna e sabão por pelo menos 20 segundos e, em seguida, secas com um pano limpo. Atenção especial deve ser dada à área sob as unhas, especialmente após o trabalho no jardim [s265]. Todas as superfícies de trabalho e ferramentas que entram em contato com os alimentos devem ser cuidadosamente limpas antes do uso. Água quente com sabão é adequada para isso. Em seguida, pode-se realizar uma desinfecção com solução de água sanitária diluída (1 colher de chá de água sanitária por litro de água) [s265]. Isso previne contaminações cruzadas entre diferentes etapas de processamento. Durante o trabalho no jardim, deve-se ter em mente que luvas e sapatos podem transferir contaminações de um lugar para outro. Cuidado especial deve ser tomado ao manusear composto [s265]. Uma dica prática: tenha luvas de jardim separadas para trabalhos "sujos", como compostagem, e para a colheita. A qualidade da água desempenha um papel central no processamento higiênico. Tanto para a irrigação quanto para a lavagem da colheita, deve-se usar exclusivamente água potável, pois a água é um dos meios de transmissão mais comuns para patógenos [s265]. Uma dica prática: instale, se possível, uma torneira separada para o jardim com qualidade de água potável comprovada. O layout do espaço de processamento deve ser bem pensado. O local de trabalho deve estar a uma distância segura de fontes potenciais de contaminação, como lixeiras ou pilhas de composto [s266]. Um exemplo prático: crie uma zona de processamento "limpa" na cozinha, que seja utilizada exclusivamente para o processamento da colheita. O manuseio de fertilizantes de origem animal requer atenção especial. Se o composto contém componentes de origem animal, a colheita deve ser realizada no mínimo 90 dias após a última fertilização em plantas sem contato com o solo, e somente após 120 dias em plantas com contato com o solo [s267]. Isso minimiza o risco de contaminação microbiológica. A adesão a boas práticas agrícolas (GAP) reduz comprovadamente o risco de contaminações microbiológicas [s268]. Isso inclui manter animais de estimação e de produção afastados da área do jardim durante o período de crescimento e colheita [s265]. Um aspecto frequentemente negligenciado é a higiene dos recipientes de colheita. Cestos, caixas e outros recipientes devem ser cuidadosamente limpos antes de cada uso [s265]. Dica prática: mantenha um conjunto de recipientes de colheita específicos, que sejam utilizados exclusivamente para esse fim. A higiene pessoal deve ser especialmente abordada ao envolver crianças no trabalho no jardim [s265]. Faça da lavagem das mãos uma rotina natural antes e depois do trabalho no jardim, bem como antes de qualquer processamento de alimentos.

### Glossário

**Contaminação cruzada**
A transferência não intencional de microrganismos ou contaminantes de um alimento para outro, por exemplo, quando carne crua e vegetais são processados na mesma tábua de corte.

**GAP**
Um padrão internacional para a produção agrícola, que estabelece diretrizes para a produção de alimentos sustentáveis e seguros.

**Microbiológico**
Refere-se a organismos microscópicos como bactérias, leveduras e fungos, que só são visíveis sob um microscópio e podem estragar alimentos.

**Resumo - 4. 3. Processamento**

- Branquear interrompe processos enzimáticos e preserva sabor, cor e nutrientes ao congelar
- Alimentos com baixo teor de ácido requerem uma panela de pressão para conserva, enquanto os ricos em ácido podem ser processados em banho-maria
- Bactérias do ácido láctico convertem açúcar em ácido láctico durante a fermentação, criando um ambiente benéfico à saúde
- Alimentos fermentados aumentam o teor de vitaminas B, C e K e neutralizam o ácido fítico prejudicial
- Uma diluição de 1:100 de lactobacilos em água pode ser utilizada como fertilizante natural para folhas
- A temperatura de secagem deve estar entre 35-40°C para preservar valiosos ingredientes
- Alimentos secos ocupam apenas uma fração de seu volume original e podem ser armazenados por até um ano
- O pH determina o método de conserva: produtos altamente ácidos podem ser processados em banho-maria, enquanto os de baixo teor de ácido devem ser tratados na panela de pressão
- Após a fertilização com componentes de origem animal, a colheita deve ocorrer no mínimo após 90-120 dias
- Contaminações cruzadas podem ser evitadas com luvas de jardinagem separadas para trabalhos "sujos" e de colheita

**Revisão - 4. Colheita e Utilização**

- O momento ideal para a colheita varia bastante entre diferentes tipos de vegetais e é influenciado por vários fatores.
- A semeadura sucessiva permite uma colheita contínua ao longo de um período mais longo.
- As mudanças climáticas exigem estratégias de adaptação flexíveis, como túneis móveis de plástico para otimizar o tempo de colheita.
- O alho é tipicamente colhido em meados de julho, após ter sido protegido com uma camada de cobertura na primavera.
- O método "Cut-and-Come-Again" permite uma segunda colheita de alfaces após 3-4 semanas.
- Os restos de raízes devem ser deixados no solo, pois eles deixam canais de ar naturais e ajudam a combater a compactação do solo.
- As cebolas necessitam de condições ideais de secagem de 20-30°C com cerca de 70% de umidade relativa por 12-24 horas após a colheita.
- A intensidade do sabor das ervas é mais alta logo antes da floração.
- Uma umidade relativa entre 30-50% é ideal para o armazenamento geral.
- Pacotes de gel de sílica podem absorver a umidade excessiva em recipientes de armazenamento.
- Os tubérculos necessitam de uma umidade mais alta durante o armazenamento.
- A fermentação transforma açúcares em ácido láctico por meio de bactérias lácticas, criando um ambiente benéfico à saúde.
- Durante a fermentação, substâncias nocivas como o ácido fítico são neutralizadas.
- A secagem remove a água dos alimentos e impede o crescimento de microrganismos.
- Na conserva, distingue-se entre os métodos "Rohpack" e "Heißpack".

- A qualidade da água desempenha um papel central - deve-se usar exclusivamente água potável.
- Após o uso de fertilizantes de origem animal, a colheita deve ocorrer no mínimo após 90-120 dias.

**Ofertas adicionais gratuitas planejadas**

Temos o prazer de oferecer futuramente materiais complementares gratuitos para este livro:

- Um capítulo bônus exclusivo com conteúdo adicional
- Um resumo compacto de todo o livro em formato PDF

A publicação destes materiais está prevista para janeiro de 2025.
Sinta-se à vontade para visitar nosso site hoje mesmo. Assim que nosso serviço de newsletter for lançado (previsto para janeiro de 2025), você poderá se registrar para receber atualizações e não perder nenhuma novidade sobre as ofertas adicionais gratuitas.

SaageBooks.com/pt/cultivo_de_legumes_em_canteiro_elevado-bonus-BAR75UR

**Caros leitores,**

Sinto-me profundamente honrado por terem dedicado tempo para ler meu livro do início ao fim. Como autor, meu maior desejo é fornecer insights valiosos e orientação prática. Sua confiança em meu trabalho significa muito para mim. Espero que a leitura tenha sido enriquecedora para vocês. Se tiverem alguma dúvida ou sugestão, não hesitem em me contactar através do nosso site.

Se gostaram deste livro, agradeceria muito uma avaliação honesta. Sua opinião é importante para mim e ajuda outros leitores em sua decisão. Vocês podem facilmente deixar sua avaliação honesta na plataforma de vendas onde compraram o livro.
Obrigado pelo seu apoio!

**Artemis Saage**

Saage Media GmbH

**SaageBooks.com/pt**

Descubra mais! O nosso site editorial oferece-lhe uma seleção diversificada de livros adicionais e publicações interessantes. Além de conteúdo gratuito e materiais bônus exclusivos, você encontrará informações detalhadas sobre nossas obras. Navegue pela nossa extensa oferta digital e inspire-se com experiências adicionais de leitura. Como serviço especial, oferecemos conteúdo gratuito e pago para complementar perfeitamente sua experiência de leitura.

SaageBooks.com/pt

# Fontes

**Meus sinceros agradecimentos a todos os autores das fontes científicas e não científicas citadas, aos operadores dos sites referenciados e aos criadores das imagens, gráficos e estudos utilizados, cujo valioso trabalho contribuiu significativamente para a criação deste livro.**
Para mais informações, recomendo visitar os sites das fontes.

Todas as fontes foram acessadas pela última vez em: 2025-01-10


**[s1]** - https://focusptbend.com/spotlight/gardening-with-ease-tips-to-spare-your-lower-back-from-pain/
**Título:** Gardening with Ease: Tips to Spare Your Lower Back from Pain **por:** Focus Physical Therapy
**Site:** Focus Physical Therapy Bend

**[s2]** - https://seniorsite.org/resource/an-all-inclusive-guide-to-gardening-for-seniors/
**Título:** An Allinclusive Guide to Gardening for Seniors **por:** SeniorSite
**Site:** SeniorSite

**[s3]** - https://www.bossetools.com/gardening-tools-for-arthritic-hands/
**Autor:** Thomas Bruce **Título:** Gardening Tools for Arthritic Hands: A Guide to PainFree Gardening
**por:** Bosse Tools **Data de lançamento:** 30 May 2023
**Site:** Bosse Tools

**[s4]** - https://www.oscortho.com/blog/bloom-without-gloom-gardening-without-the-aches-7-tips-to-prevent-gardening-injuries
**Autor:** Orthopaedic Surgical Consultants PC **Título:** Bloom Without Gloom: Gardening Without The Aches 7 Tips To Prevent Gardening Injuries
**Site:** Orthopaedic Surgical Consultants

**[s5]** - https://foodprint.org/blog/gardening-method/
**Autor:** Kristen Link **Título:** Which Gardening Method is Right for Your Home Garden?
**por:** FoodPrint **Data de lançamento:** 31723
**Site:** FoodPrint **Editora:** GRACE Communications Foundation

**[s6]** - https://cuttersedgepro.com/raised-garden-beds-ideas-to-elevate-your-garden/
**Título:** Raised Garden Beds Ideas to Elevate Your Garden **por:** Cutters Edge Pro
**Site:** Cutters Edge Pro

**[s7]** - https://www.theseasonalhomestead.com/the-best-place-for-a-vegetable-garden/
**Autor:** Becky **Título:** The Best Place for a Vegetable Garden
**por:** The Seasonal Homestead **Data de lançamento:** April 13 2023
**Site:** The Seasonal Homestead

**[s8]** - https://www.growveg.com/guides/whats-the-best-position-for-your-vegetable-garden/
**Autor:** Benedict Vanheems **Título:** Choosing a Location for Your New Vegetable Beds
**por:** Growing Interactive Ltd **Data de lançamento:** 12 February 2016
**Site:** GrowVeg

**[s9]** - https://permies.com/t/135090/Orientation-raised-garden-beds-respect
**Autor:** Mj Patneaude **Título:** Orientation of raised garden beds in respect to SUN
**por:** Permiescom **Data de lançamento:** 4 years ago
**Site:** permiescom

**[s10]** - https://modularwalls.com.au/blog/how-to-backyard-veggie-garden/
**Título:** 5 Step HowTo Guide for a backyard veggie garden **por:** ModularWalls
**Data de lançamento:** 4 September 2024 **Site:** modularwallscomau

**[s11]** - https://aggie-horticulture.tamu.edu/wp-content/uploads/sites/5/2010/10/E-560_raised_bed_garden.pdf
**Autor:** Priscilla Files Michael Arnold Douglas Welsh Frank Dainello **Título:** A Raised Bed Garden
**por:** Texas AM University **Data de lançamento:** 200903
**Site:** aggiehorticulturetamuedu **Editora:** Texas AM University Press

**[s12]** - https://growfoodwell.com/how-to-plant-a-vegetable-garden/
**Autor:** Tom **Título:** How to Start a Vegetable Garden
**por:** GrowFoodWellcom **Site:** GrowFoodWellcom

**[s13]** - https://foodgardening.mequoda.com/daily/garden-design/planting-raised-garden-beds-spacing-growing-vegetables-and-herbs/
**Autor:** Amanda MacArthur **Título:** Planting Raised Garden Beds: S pacing Growing Vegetables and Herbs
**por:** Mequoda Publishing Network **Data de lançamento:** July 22 2024
**Site:** Food Gardening Network

**[s14]** - https://www.ceagworld.com/greenhouse-produce/grow-up-bringing-vertical-farming-systems-to-greenhouses/
**Autor:** Rob Eddy **Título:** Grow Up: Bringing Vertical Farming Systems To Greenhouses
**por:** CEAg World **Data de lançamento:** March 5 2024
**Site:** CEAg World

**[s15]** - https://divetogarden.com/blogs/learning-center/polycarbonate-lean-to-greenhouse-kits
**Título:** Polycarbonate Leanto Greenhouse Kits **por:** Dive to Garden
**Site:** Dive to Garden

**[s16]** - https://extension.colostate.edu/topic-areas/yard-garden/vegetable-gardening-in-the-mountains-7-248/
**Autor:** Irene Shonle **Título:** Vegetable Gardening in the Mountains 7248
**por:** Colorado State University Extension **Data de lançamento:** 1220
**Site:** Colorado State University Extension

**[s17]** - https://gardeningsolutions.ifas.ufl.edu/design/types-of-gardens/raised-beds/
**Título:** Raised Beds: Benefits and Main tenance **por:** University of Florida IFAS Extension
**Site:** Gardening Solutions

**[s18]** - https://kellogggarden.com/summer-gardening/southern-summer-gardening-tips-and-great-summer-cover-crops-2/
**Autor:** Chelsea Dubey **Título:** Summer Gardening Tips and Great Summer Cover Crops
**por:** Kellogg Garden Organics **Data de lançamento:** 20230509
**Site:** Kellogg Garden Products **Editora:** Kellogg Garden Organics

**[s19]** - https://sunshinefarmny.com/2019/05/24/building-a-hugelkultur-garden-bed/
**Autor:** Jenn **Título:** Step by Step Guide for Building a Hugelkultur Garden Bed
**por:** Sunshine Farm **Data de lançamento:** 20190524
**Site:** Sunshine Farm

**[s20]** - https://theemerginghome.com/3985/set-up-raised-beds-to-grow-your-own-vegetables/
**Autor:** jlbteh **Título:** Set Up Raised Beds to Grow Your Own Vegetables
**por:** The Emerging Home **Data de lançamento:** July 31 2022
**Site:** The Emerging Home

**[s21]** - https://www.abc.net.au/gardening/how-to/layering-a-vegie-bed/9432498
**Autor:** Leonie Norrington **Título:** Layering a Vegie Bed
**por:** ABC **Data de lançamento:** 20110422
**Site:** ABC Gardening Australia **Editora:** ABC

**[s22]** - https://www.thunderbirddisco.com/blog/soil-mix-hugelkultur-filling-raised-garden-beds
**Autor:** Adam Nemett **Título:** Hugelkultur and Soil Mix: HOW TO FILL Raised Garden Beds
**por:** WillowTree **Data de lançamento:** Aug 17
**Site:** Thunderbird Disco

**[s23]** - https://spottsgardens.com/fill-raised-bed-garden-soil-diy-how-to/
**Título:** Filling Raised Garden Beds with Soil **por:** Spotts Garden Service
**Site:** Spotts Garden Service

**[s24]** - https://buildingafoodforestscotland.com/2022/05/10/building-a-mini-food-forest-in-a-raised-bed/
**Autor:** Katrina and Clayton **Título:** Building a Mini Food Forest in a Raised Bed
**por:** Building a Food Forest Scotland **Data de lançamento:** 20220510
**Site:** Building a Food Forest Scotland

**[s25]** - https://thecottagepeach.com/blog/best-garden-soil
**Autor:** Dagny **Título:** Nurturing Natures Best: Why Healthy Garden Soil is Essential for a Pro ductive Vegetable Garden
**Data de lançamento:** Jun 15 **Site:** thecottagepeachcom

**[s26]** - https://selfsufficientme.com/how-much-drainage-and-soil-do-i-need-in-a-raised-garden-bed/
**Autor:** Mark Valencia **Título:** How much drainage and soil do I need in a raised garden bed?
**por:** Self Sufficient Me **Data de lançamento:** March 11 2015
**Site:** Self Sufficient Me

**[s27]** - http://www.highlandslandscaping.com/blog/how-to-keep-raised-bed-wood-from-rotting
**Título:** How to Keep Raised Bed Wood from Rotting **por:** Highlands Landscaping
**Data de lançamento:** Jun 25 **Site:** Highlands Landscaping

**[s28]** - https://www.growveg.com/guides/reduce-soil-waterlogging-with-these-handy-tips/
**Autor:** Benedict Vanheems **Título:** Reduce Soil Waterlogging With These Handy Tips
**por:** Growing Interactive Ltd **Data de lançamento:** 11 December 2020
**Site:** GrowVeg

**[s29]** - https://content.ces.ncsu.edu/extension-gardener-handbook/1-soils-and-plant-nutrients
**Título:** North Carolina Extension Gardener Handbook: 1 Soils Plant Nutrients **por:** North Carolina State University
**Site:** NC State Extension

**[s30]** - https://www.portlandediblegardens.com/blog/preparing-your-soil-for-planting-vegetables
**Título:** Preparing Your Soil For Planting Vegetables **por:** Portland Edible Gardens
**Data de lançamento:** April 12 2016 **Site:** Portland Edible Gardens

**[s31]** - https://gardeningsolutions.ifas.ufl.edu/care/planting/florida-soil/
**Título:** Working in Your Florida Soil **por:** University of Florida
**Site:** UFIFAS Extension Gardening Sol utions

**[s32]** - https://permies.com/t/203631/Improving-clay-soil-cheap
**Autor:** Cathy James **Título:** Improving clay soil on the cheap
**por:** Permies **Data de lançamento:** 20211001
**Site:** Permies

**[s33]** - https://brumargardens.com/the-foundation-of-your-garden-the-importance-of-soil-health/
**Autor:** sunrisebrumar **Título:** The Foundation of Your Garden: The Importance of Soil Health
**por:** BruMar Gardens **Data de lançamento:** February 6 2024
**Site:** BruMar Gardens

**[s34]** - https://extension.missouri.edu/sites/default/files/legacy_media/wysiwyg/Extensiondata/Pub/pdf/agguides/hort/g06955.pdf
**Autor:** Manjula V Nathan **Título:** Improving Lawn and Landscape Soils
**por:** University of Missouri Extension **Site:** extensionmissouriedu

**[s35]** - https://directives.nrcs.usda.gov/sites/default/files2/1714580563/TN%20470-04%20Conservation%20Practices%20for%20Soil%20Health%20in%20Urban%20and%20Small%20Scale%20Agriculture.pdf
**Autor:** Joshua Beniston PhD **Título:** Conservation Practices for Soil Health in Urban and SmallScale Agriculture
**por:** USDA NRCS **Data de lançamento:** May 2024
**Site:** USDA NRCS

**[s36]** - https://www.ruralsprout.com/rejuvenate-raised-beds/
**Autor:** Lindsay Sheehan **Título:** 7 Ways to Rejuvenate Replenish Raised Beds
**por:** Rural Sprout **Data de lançamento:** December 6 2022
**Site:** Rural Sprout

**[s37]** - https://californiagrown.org/blog/preparing-your-california-garden-for-fall-planting/
**Título:** Preparing your California garden for Fall planting **por:** CA GROWN
**Data de lançamento:** September 28 2016 **Site:** California Grown

**[s38]** - https://extension.okstate.edu/fact-sheets/print-publications/hla/raised-bed-gardening-hla-6033.pdf
**Autor:** Shelley Mitchell **Título:** Raised Bed Gardening
**por:** Oklahoma State University **Site:** Oklahoma Cooperative Extension Service
**Editora:** Oklahoma State University

**[s39]** - https://oldworldgardenfarms.com/2023/02/12/re-energizing-raised-bed-soil/
**Título:** ReEnergizing Raised Bed Soil How To Bring Soil Back To Life! **por:** Old World Garden Farms
**Data de lançamento:** 20230212 **Site:** Old World Garden Farms

**[s40]** - https://kelloggarden.com/blog/soil/how-garden-weeds-help-create-healthy-soil/
**Autor:** kellogggarden **Título:** How Garden Weeds Can Help You Create Healthy Soil
**por:** Kellogg Garden Organics **Data de lançamento:** 20160205
**Site:** Kellogg Garden **Editora:** Kellogg Garden Organics

**[s41]** - https://www.portlandediblegardens.com/blog/succession-planting-how-to-plan-for-plenty
**Autor:** Ian Wilson **Título:** Succession Planting: How to Plan for Plenty
**por:** Portland Edible Gardens LLC **Data de lançamento:** March 12 2015
**Site:** Portland Edible Gardens

**[s42]** - https://www.theseasonalhomestead.com/when-to-plant-vegetables-in-zone-6/
**Autor:** Becky **Título:** When to Plant Vegetables in Zone 6
**por:** The Seasonal Homestead **Data de lançamento:** December 12 2020
**Site:** The Seasonal Homestead

**[s43]** - https://www.gardendesk.com/succession-planting/
**Autor:** Marc **Título:** Succession Planting
**por:** GardenDesk **Data de lançamento:** March 30 2011
**Site:** GardenDesk

**[s44]** - https://www.ontheacre.com/home/2018/3/4/my-garden-beds
**Autor:** Rachel Hardacre **Título:** My Garden Beds
**Data de lançamento:** May 18 **Site:** The Acre

**[s45]** - https://www.sustainablemarketfarming.com/2017/05/
**Autor:** Pam Dawling **Título:** Jamaica Sustainable Farm Enterprise Program
**por:** Sustainable Market Farming **Data de lançamento:** May 30 2017
**Site:** Sustainable Market Farming

**[s46]** - https://www.espoma.com/gardening/vegetable-gardening/how-to-use-succession-planting-in-your-fall-garden/
**Autor:** Stephanie Muczyk **Título:** How to Use Succession Planting in Your Fall Garden
**por:** Espoma **Data de lançamento:** 20210923
**Site:** Espoma

**[s47]** - https://www.ediblegardens52.com/ediblegardens52/2021/2/4/succession-planting
**Autor:** Sue Martin **Título:** Succession Planting
**por:** ediblegardens52 **Data de lançamento:** February 10 2021
**Site:** ediblegardens52

**[s48]** - https://permies.com/t/222694/AI-powered-planting-schedule
**Autor:** Max Gasner **Título:** AI powered planting schedule
**por:** Permies **Data de lançamento:** 1 year ago
**Site:** permiescom

**[s49]** - https://jobescompany.com/succession-planting-what-it-means-for-second-season-crops/
**Título:** Succession Planting: What It Means for SecondSeason Crops **por:** Jobes Company
**Data de lançamento:** 20180814 **Site:** Jobes Company

**[s50]** - https://homesteadandgardens.com/square-foot-gardening/
**Título:** Square Foot Gardening: Maximizing Your Yield in Minimal Space **por:** Homestead Gardens
**Data de lançamento:** February 14 2024 **Site:** Homestead Gardens

**[s51]** - https://permies.com/t/124612/garlic-planting-bed-potatos
**Autor:** Nick Dimitri **Título:** OK if garlic planting in bed after potat os?
**por:** Permies **Site:** permiescom

**[s52]** - https://www.growveg.com/guides/categories/succession-planting/
**Título:** Succession Planting Advice on succession planting for vegetable gardens **por:** Growing Interactive Ltd
**Site:** GrowVeg

**[s53]** - https://www.theseasonalhomestead.com/choosing-the-best-irrigation-system-for-a-vegetable-garden/
**Autor:** Becky **Título:** Choosing the Best Irrigation System for a Vegetable Garden
**por:** The Seasonal Homestead **Data de lançamento:** November 7 2019
**Site:** The Seasonal Homestead

**[s54]** - https://kellogggarden.com/blog/gardening/how-to-properly-water-your-garden-with-water-systems/
**Autor:** kellogggarden **Título:** How To Properly Water Your Garden With Water Systems
**por:** Kellogg Garden Organics **Data de lançamento:** 20190114
**Site:** Kellogg Garden **Editora:** Kellogg Garden Organics

**[s55]** - https://www.prettyprudent.com/irrigation-system-for-raised-bed-garden-2/
**Autor:** Jacinda **Título:** Irrigation System for Raised Bed Garden
**por:** Pretty Prudent **Data de lançamento:** March 29 2011
**Site:** Pretty Prudent

**[s56]** - https://homegardendiggers.com/gardening-tools/
**Título:** Gardening Tools **por:** Home Garden Diggers
**Site:** Home Garden Diggers

**[s57]** - https://homegardendiggers.com/vegetable-gardening/
**Título:** Vegetable Gardening **por:** Home Garden Diggers
**Site:** Home Garden Diggers

**[s58]** - https://kellogggarden.com/blog/gardening/raised-bed-container-garden-planning/
**Autor:** kellogggarden **Título:** Raised Bed and Container Garden Planning
**por:** Kellogg Garden Organics **Data de lançamento:** 20210708
**Site:** Kellogg Garden **Editora:** Kellogg Garden Organics

**[s59]** - https://www.fws.gov/story/how-build-pollinator-garden
**Autor:** Mara Koenig **Título:** How to Build a Pollinator Garden
**por:** US Fish Wildlife Service **Site:** US Fish Wildlife Service

**[s60]** - https://permies.com/t/137014/Tips-year-successful-garden-beds
**Autor:** Catie George **Título:** Tips for First Year Successful Garden Beds
**por:** Permies **Site:** permiescom

**[s61]** - https://portlandnursery.com/docs/veggies/VeggieCalendar.pdf
**Autor:** Laura Altvater **Título:** Veggie Calendar
**por:** Portland Nursery **Site:** Portland Nursery

**[s62]** - https://content.ces.ncsu.edu/how-to-organize-a-community-garden
**Autor:** Lucy Bradley **Título:** How to Organize a Community Ga rden
**por:** NC Cooperative Extension **Data de lançamento:** June 17 2019
**Site:** NC State Extension

**[s63]** - https://phsonline.org/for-gardeners/gardeners-blog/prepare-garden-soil-fall-for-spring-planting
**Autor:** Sally McCabe
**Título:** How to Prepare Your Garden Soil in the Fall for Spring Planting
**por:** Pennsylvania Horticultural Society
**Data de lançamento:** October 26 2023
**Site:** Pennsylvania Horticultural Society

**[s64]** - https://gardenprofessors.com/prepping-your-garden-for-the-next-growing-season/
**Autor:** William H McCaleb
**Título:** Prepping Your Garden for The Next Growing Season
**por:** The Garden Professors
**Data de lançamento:** November 29 2024
**Site:** gardenprofessorscom

**[s65]** - https://www.portlandediblegardens.com/blog/preparing-your-soil-for-planting-vegetables
**Título:** Preparing Your Soil For Planting Vegetables
**por:** Portland Edible Gardens
**Data de lançamento:** April 12 2016
**Site:** Portland Edible Gardens

**[s66]** - https://permies.com/t/30930/Winter-Raised-Bed-Preparation
**Autor:** J Sullivan Chris Kott
**Título:** Winter Raised Bed Preparation?
**por:** Permies
**Site:** permiescom

**[s67]** - http://www.soflagardening.com/fall-bed-prep/
**Título:** Fall Bed Prep
**por:** South Florida Gardening
**Site:** South Florida Gardening

**[s68]** - https://www.theseasonalhomestead.com/when-to-plant-vegetables-in-zone-6/
**Autor:** Becky
**Título:** When to Plant Vegetables in Zone 6
**por:** The Seasonal Homestead
**Data de lançamento:** December 12 2020
**Site:** The Seasonal Homestead

**[s69]** - https://lawnlove.com/blog/best-vegetables-to-plant-in-early-spring/
**Autor:** Jo Ellen Meyers Sharp
**Título:** 9 Best Vegetables to Plant in Early Spring
**por:** Lawn Love
**Data de lançamento:** July 9 2024
**Site:** Lawn Love

**[s70]** - https://www.growveg.com/guides/beets-for-beginners/
**Autor:** Ann Marie Hendry
**Título:** Beets for Beginners
**por:** GrowVeg
**Data de lançamento:** 20160519
**Site:** GrowVeg

**[s71]** - https://www.cookcraftcultivate.com/garden-timeline-when-to-plant-in-zone-9b/
**Autor:** Kristi
**Título:** Garden Timeline: When to Plant in Zone 9b
**por:** Cook Craft Cultivate
**Data de lançamento:** April 26 2021
**Site:** Cook Craft Cultivate

**[s72]** - https://www.thunderbirddisco.com/blog/how-to-plant-your-first-spring-vegetable-garden
**Autor:** Adam Nemett
**Título:** How to Plant Your First Spring Vegetable Garden
**por:** Thunderbird Disco Homestead
**Data de lançamento:** Aug 19
**Site:** Thunderbird Disco

**[s73]** - https://www.foxrunenvironmentaleducationcenter.org/organic-gardeningself-sufficiency/2018/8/1/fall-gardens-are-the-best
**Autor:** Ame Vanorio
**Título:** Fall Gardens Are the Best!
**por:** Fox Run Environmental Education Center
**Data de lançamento:** August 1 2018
**Site:** Fox Run Environmental Education Center

**[s74]** - http://gardenerscott.blogspot.com/2011/03/extending-your-growing-season-with-mini.html
**Autor:** Scott Wilson
**Título:** Extending Your Growing Season with Mini Greenhouses
**por:** GardenerScott
**Data de lançamento:** 20110302
**Site:** GardenerScott

**[s75]** - https://growsoeasyorganic.com/tag/sheer-curtains/
**Título:** How To Grow Spring Crops
**por:** Grow So Easy Organic
**Data de lançamento:** April 8 2015
**Site:** Grow So Easy Organic

**[s76]** - https://content.ces.ncsu.edu/home-vegetable-gardening-a-quick-reference-guide

**Autor:** Shawn Banks Lucy Bradley | **Título:** Home Vegetable Gardening: A Quick Reference Guide

**por:** NC Cooperative Extension | **Data de lançamento:** 20231006

**Site:** NC State Extension Publications | **Editora:** NC State University

---

**[s77]** - https://www.bigblogofgardening.com/how-to-grow-leafy-green-vegetables-lettuce-spinach-kale/

**Autor:** Todd Heft | **Título:** How to Grow Lettuce Spinach Kale and Other Leafy Green Vegetables

**por:** Big Blog of Gardening | **Data de lançamento:** February 21 2017

**Site:** Big Blog of Gardening

---

**[s78]** - https://www.new-terra-natural-food.com/high-income-crops.html

**Título:** High Income Crops for the Market Gardener or Ambitious Backyard Grower | **por:** New Terra Natural Food

**Site:** New Terra Natural Food

---

**[s79]** - https://www.theseasonalhomestead.com/when-to-plant-vegetables-in-zone-6/

**Autor:** Becky | **Título:** When to Plant Vegetables in Zone 6

**por:** The Seasonal Homestead | **Data de lançamento:** December 12 2020

**Site:** The Seasonal Homestead

---

**[s80]** - https://www.thunderbirddisco.com/blog/how-to-plant-your-first-spring-vegetable-garden

**Autor:** Adam Nemett | **Título:** How to Plant Your First Spring Vegetable Garden

**por:** Thunderbird Disco Homestead | **Data de lançamento:** Aug 19

**Site:** Thunderbird Disco

---

**[s81]** - https://www.cookcraftcultivate.com/garden-timeline-when-to-plant-in-zone-9b/

**Autor:** Kristi | **Título:** Garden Timeline: When to Plant in Zone 9b

**por:** Cook Craft Cultivate | **Data de lançamento:** April 26 2021

**Site:** Cook Craft Cultivate

---

**[s82]** - https://www.thunderbirddisco.com/blog/how-to-plant-your-first-spring-vegetable-garden

**Autor:** Adam Nemett | **Título:** How to Plant Your First Spring Vegetable Garden

**por:** Thunderbird Disco Homestead | **Data de lançamento:** Aug 19

**Site:** Thunderbird Disco

---

**[s83]** - https://www.theseasonalhomestead.com/when-to-plant-vegetables-in-zone-6/

**Autor:** Becky | **Título:** When to Plant Vegetables in Zone 6

**por:** The Seasonal Homestead | **Data de lançamento:** December 12 2020

**Site:** The Seasonal Homestead

---

**[s84]** - https://heavypetal.ca/archives/2021/01/a-reformed-slackers-guide-to-garden-planning/

**Autor:** Andrea Bellamy | **Título:** A Reformed Slackers Guide to Garden Planning

**por:** Heavy Petal | **Data de lançamento:** January 31 2021

**Site:** Heavy Petal

---

**[s85]** - https://www.theseasonalhomestead.com/quarter-acre-garden-plans-2020/

**Autor:** Becky | **Título:** QuarterAcre Garden Plans 2020

**por:** The Seasonal Homestead | **Data de lançamento:** February 15 2020

**Site:** The Seasonal Homestead

---

**[s86]** - https://www.portlandediblegardens.com/blog/making-a-seasonal-plan-for-your-edible-garden

**Autor:** Portland Edible Gardens | **Título:** Making A Seasonal Plan For Your Edible Garden

**Data de lançamento:** January 18 2016 | **Site:** Portland Edible Gardens

---

**[s87]** - http://www.soflagardening.com/growing-green-beans/

**Título:** Growing Green Beans All Season Long! | **por:** South Florida Gardening

**Data de lançamento:** April 18 2020 | **Site:** South Florida Gardening

**[s88]** - https://denvergardeners.wordpress.com/2023/02/24/starting-seeds-indoors-for-your-vegetable-amp-flower-garden/
**Autor:** Molly Gaines
**Título:** Starting Seeds Indoors for Your Vegetable Flower Garden
**por:** CSU Denver Extension
**Data de lançamento:** 20230224
**Site:** Denver Gardeners

**[s89]** - https://sfyl.ifas.ufl.edu/lawn-and-garden/summer-vegetables-in-florida/
**Autor:** S Park Brown et al
**Título:** Summer Vegetables in Florida
**por:** University of Floridas Institute of Food and Agricultural Sciences
**Data de lançamento:** 052013
**Site:** UFIFAS Extension

**[s90]** - https://kellogggarden.com/summer-gardening/southern-summer-gardening-tips-and-great-summer-cover-crops-2/
**Autor:** Chelsea Dubey
**Título:** Summer Gardening Tips and Great Summer Cover Crops
**por:** Kellogg Garden Organics
**Data de lançamento:** 20230509
**Site:** Kellogg Garden Products
**Editora:** Kellogg Garden Organics

**[s91]** - https://aggie-horticulture.tamu.edu/earthkind/drought/efficient-use-of-water-in-the-garden-and-landscape/
**Autor:** Larry Stein Doug Welsh
**Título:** Efficient Use of Water in the Garden and Landscape
**por:** Texas AM AgriLife Extension Service
**Site:** Aggie Horticulture

**[s92]** - https://portal.ct.gov/-/media/CAES/DOCUMENTS/Publications/Fact_Sheets/Environmental-Science-and-Forestry/Irrigating-Your-Home-Vegetable-Garden.pdf
**Autor:** Leigh Whittinghill
**Título:** Irrigating Your Home Vegetable Garden
**por:** The Connecticut Agricultural E xperiment Station
**Data de lançamento:** June 21 2023
**Site:** portalctgov

**[s93]** - https://kellogggarden.com/summer-gardening/southern-summer-gardening-tips-and-great-summer-cover-crops-2/
**Autor:** Chelsea Dubey
**Título:** Summer Gardening Tips and Great Summer Cover Crops
**por:** Kellogg Garden Organics
**Data de lançamento:** 20230509
**Site:** Kellogg Garden Products
**Editora:** Kellogg Garden Organics

**[s94]** - https://lawnlove.com/blog/how-often-to-water-vegetable-garden/
**Autor:** Sinziana Spiridon
**Título:** How Often to Water Your Vegetable Garden And More Watering Tips
**por:** Lawn Love
**Data de lançamento:** November 20 2024
**Site:** Lawn Love

**[s95]** - https://squashandawe.com/tag/interplanting/
**Título:** A field of Yellow
**por:** Squash and Awe
**Data de lançamento:** August 29 2020
**Site:** Squash and Awe

**[s96]** - https://hort.extension.wisc.edu/2024/08/01/keeping-your-plants-healthy-dealing-with-dry-soils-and-drought/
**Autor:** Vijai Pandian
**Título:** Keeping your plants healthy: Dealing with dry soils and drought
**por:** University of WisconsinMadison Division of Extension
**Data de lançamento:** August 1 2024
**Site:** Wisconsin Horticulture

**[s97]** - https://www.hillcountrymastergardeners.org/the-basics
**Autor:** Anne Moss HCMG
**Título:** The Basics
**por:** Hill Country Texas Master Gardeners
**Site:** Hill Country Texas Master Gardeners

**[s98]** - https://www.valleygardens.com/get-seedlings-in-the-sun-quick-but-with-protection/
**Autor:** Steve
**Título:** Get seedlings in the sun quick! But with protection
**por:** Valley Gardens
**Data de lançamento:** March 26 2021
**Site:** Valley Gardens

**[s99]** - https://www.bigblogofgardening.com/shade-gardening-types-of-shade-and-best-plants/
**Autor:** Todd Heft
**Título:** The Joy Of Shade Gardening
**por:** Big Blog of Gardening
**Data de lançamento:** May 25 2013
**Site:** Big Blog of Gardening

**[s100]** - https://harmonyinthegarden.com/2020/06/gardening-under-oaks-learning-to-love-dry-shade-plants-another-beforeafter/
**Autor:** Rebecca Sweet **Título:** Gardening Under Oaks: Learning to Love DryShade Plants
**por:** Harmony in the Garden **Data de lançamento:** June 2020
**Site:** Harmony in the Garden

**[s101]** - https://tanyasgarden.blogspot.com/2015/01/my-shade-garden-tragedy-and-revival.html
**Autor:** Tatyana **Título:** My Shade Garden Tragedy and Re vival
**Data de lançamento:** January 2015 **Site:** Tanyas Garden

**[s102]** - https://www.ontheacre.com/home/2018/3/4/my-garden-beds
**Autor:** Rachel Hardacre **Título:** My Garden Beds
**Data de lançamento:** May 18 **Site:** The Acre

**[s103]** - https://www.ediblegardens52.com/ediblegardens52/2021/2/4/succession-planting
**Autor:** Sue Martin **Título:** Succession Planting
**por:** ediblegardens52 **Data de lançamento:** February 10 2021
**Site:** ediblegardens52

**[s104]** - https://extension.colostate.edu/topic-areas/yard-garden/vegetable-gardening-in-the-mountains-7-248/
**Autor:** Irene Shonle **Título:** Vegetable Gardening in the Mountains 7248
**por:** Colorado State University Extension **Data de lançamento:** 1220
**Site:** Colorado State University Extension

**[s105]** - https://jobescompany.com/succession-planting-what-it-means-for-second-season-crops/
**Título:** Succession Planting: What It Means for SecondSeason Crops **por:** Jobes Company
**Data de lançamento:** 20180814 **Site:** Jobes Company

**[s106]** - https://www.espoma.com/gardening/vegetable-gardening/how-to-use-succession-planting-in-your-fall-garden/
**Autor:** Stephanie Muczyk **Título:** How to Use Succession Planting in Your Fall Garden
**por:** Espoma **Data de lançamento:** 20210923
**Site:** Espoma

**[s107]** - https://www.portlandediblegardens.com/blog/succession-planting-how-to-plan-for-plenty
**Autor:** Ian Wilson **Título:** Succession Planting: How to Plan for Plenty
**por:** Portland Edible Gardens LLC **Data de lançamento:** March 12 2015
**Site:** Portland Edible Gardens

**[s108]** - https://thepeasantsdaughter.net/best-vegetables-for-vertical-gardening/
**Autor:** Jana Dziak **Título:** 20 Veggies Fruits You Should Grow Vertically
**por:** The Peasants Daughter **Data de lançamento:** 20240621
**Site:** The Peasants Daughter

**[s109]** - https://seedmoney.org/blog/5-ways-of-supporting-your-tomato-plants/
**Título:** 5 Ways of Supporting Your Tomato Plants **por:** SeedMoney
**Site:** SeedMoney

**[s110]** - https://permies.com/t/761/Simple-trellis-green-beans
**Autor:** Charley Hoke **Título:** Simple trellis for green beans
**por:** Permiescom **Site:** Permies

**[s111]** - https://www.quora.com/How-can-I-build-my-own-support-structure-for-cucumbers-growing-in-my-garden
**Título:** How can I build my own support structure for cucumbers growing in my garden? **por:** Quora
**Site:** Quora

**[s112]** - https://gardeningsolutions.ifas.ufl.edu/plants/edibles/vegetables/pole-beans/
**Título:** Pole and Climbing Beans **por:** University of Florida IFAS Extension
**Data de lançamento:** 2024 **Site:** Gardening Solutions

**[s113]** - https://gardenrevelry.com/how-to-plant-sweet-peas-for-spring-containers/
**Autor:** Cindy Funes **Título:** Sowing Sweet Peas for Spring C ontainer Charm and Beauty
**por:** Garden Revelry **Data de lançamento:** February 14 2022
**Site:** Garden Revelry

**[s114]** - https://www.rileysgarden.com/lessons-learned/how-to-grow-zucchini-vertically
**Autor:** Riley Maguire **Título:** How to Grow Zucchini or Any Su mmer Squash Vertically
**por:** Rileys Garden **Data de lançamento:** Jun 22
**Site:** Rileys Garden

**[s115]** - https://extension.colostate.edu/topic-areas/yard-garden/vegetable-gardening-in-the-mountains-7-248/
**Autor:** Irene Shonle **Título:** Vegetable Gardening in the Mountains 7248
**por:** Colorado State University Extension **Data de lançamento:** 1220
**Site:** Colorado State University Extension

**[s116]** - https://kellogggarden.com/blog/gardening/planting-and-caring-for-cole-crops/
**Autor:** Mia Cover **Título:** Planting and Caring for Cole Crops
**por:** Kellogg Garden Products **Site:** Kellogg Garden Organics

**[s117]** - https://permies.com/t/222694/AI-powered-planting-schedule
**Autor:** Max Gasner **Título:** AI powered planting schedule
**por:** permiescom **Data de lançamento:** 1 year ago
**Site:** permiescom

**[s118]** - https://content.ces.ncsu.edu/western-north-carolina-planting-calendar-for-annual-vegetables-fruits-and-herbs
**Título:** Western North Carolina Planting Calendar for Annual Vegetables Fruits and Herbs **por:** NC State Extension
**Site:** NC State Extension Publications

**[s119]** - https://www.mandycanudigit.com/2017/03/03/growing-echiums-from-seed/
**Autor:** Mandy Watson **Título:** Growing Echiums from seed
**por:** DigIt Media **Data de lançamento:** 3rd March 2017
**Site:** MandyCanUDigIt

**[s120]** - https://www.growveg.com/guides/growing-under-cover-like-a-pro-5-vital-tips-from-niki-jabbour/
**Autor:** Barbara Pleasant **Título:** Growing Under Cover Like a Pro: 5 Vital Tips From Niki Jabbour
**por:** GrowVeg **Data de lançamento:** 30 July 2021
**Site:** GrowVeg

**[s121]** - https://giantveggiegardener.com/category/vegetables/lettucegreens/santoro-lettuce/
**Autor:** giantveggiegardener **Título:** Greens update
**Data de lançamento:** 20230327 **Site:** giantveggiegardenercom

**[s122]** - https://ozarkhomesteader.wordpress.com/winter-gardening/winter-gardening-getting-started/
**Autor:** Ozark Homesteader **Título:** Winter Gardening: Getting Started
**Site:** Ozark Homesteader

**[s123]** - https://www.growveg.com/guides/how-to-use-a-cold-frame/
**Autor:** Ann Marie Hendry **Título:** How to Use a Cold Frame
**por:** GrowVeg **Data de lançamento:** 28 November 2019
**Site:** GrowVeg

**[s124]** - https://www.portlandediblegardens.com/blog/growing-your-winter-garden-in-july
**Título:** Kale and Carrots and Leeks Oh My!: Growing Your Winter Garden In July **por:** Portland Edible Gardens
**Data de lançamento:** July 24 2014 **Site:** Portland Edible Gardens

**[s125]** - https://misfitgardening.com/what-to-start-growing-in-january/
**Autor:** Emma Misfit Gardening **Título:** What To Start Growing In January
**por:** Misfit Gardening **Data de lançamento:** January 6 2018
**Site:** Misfit Gardening

**[s126]** - https://blog.southernexposure.com/2015/07/summer-sowings/
**Autor:** Lisa Dermer **Título:** Summer Sowings: Continuous Har vests all Summer and into Fall
**por:** Southern Exposure Seed Exchange **Data de lançamento:** July 27 2015
**Site:** Southern Exposure Seed Exchange Blog

**[s127]** - https://blog.southernexposure.com/tag/pole-bean/
**Autor:** Ira **Título:** Easy Bamboo Bean Teepees
**por:** Southern Exposure Seed Exchange **Data de lançamento:** March 19 2016
**Site:** Southern Exposure Seed Exchange

**[s128]** - https://www.livingoffgridguide.com/gardening/grow-your-own-food/
**Autor:** Stephen **Título:** How to Grow Your Own Food
**por:** Living Off Grid Guide **Data de lançamento:** July 30 2014
**Site:** Living Off Grid Guide

**[s129]** - https://www.sustainablemarketfarming.com/tag/flowers-to-attract-beneficial-insects/
**Autor:** Pam Dawling **Título:** Favorite posts of 2023: soil winter garlic melons beans aphids
**Data de lançamento:** January 10 2024 **Site:** Sustainable Market Farming

**[s130]** - https://gardenbytheseaoceanshores.org/ocean-shores-vegetables/
**Autor:** Dauna Koval **Título:** Ocean Shores Vegetables
**por:** Garden by the Sea **Data de lançamento:** March 29 2018
**Site:** Garden by the Sea

**[s131]** - https://gardenprofessors.com/prepping-your-garden-for-the-next-growing-season/
**Autor:** William H McCaleb **Título:** Prepping Your Garden for The Next Growing Season
**por:** The Garden Professors **Data de lançamento:** November 29 2024
**Site:** Garden Professors

**[s132]** - https://giantveggiegardener.com/2024/01/09/create-a-hotbed-using-an-old-french-technique/
**Autor:** giant veggie gardener **Título:** Create a Garden Hotbed using an Old French Technique
**Data de lançamento:** 20240109 **Site:** giantveggiegardener

**[s133]** - http://www.soflagardening.com/fall-bed-prep/
**Título:** Fall Bed Prep **por:** South Florida Gardening
**Site:** South Florida Gardening

**[s134]** - https://giantveggiegardener.com/tag/fall-vegetable-gardens-for-santa-fe/
**Autor:** giantveggiegardener **Título:** Fall Vegetable Gardening starts in August
**Data de lançamento:** August 7 2018 **Site:** giantveggiegardenercom

**[s135]** - https://www.everchangeproductions.co/think-cant-garden/
**Título:** So You Think You Cant Garden? Tips for a Small Space Garden **por:** Ever Change Productions
**Data de lançamento:** July 29 2016 **Site:** Ever Change Productions

**[s136]** - https://nightcactus.net/2023/08/05/maximising-growing-space-5-techniques-to-boost-your-gardens-potential/
**Autor:** Quynh **Título:** Maximising Growing Space: 5 Te chniques to Boost Your Gardens Potential
**por:** nightcactus **Data de lançamento:** August 5 2023
**Site:** nightcactus

**[s137]** - https://www.theseasonalhomestead.com/the-ultimate-guide-to-growing-more-food-in-a-small-space/
**Autor:** Becky **Título:** The Ultimate Guide to Growing More Food in a Small Space
**por:** The Seasonal Homestead **Data de lançamento:** May 15 2019
**Site:** The Seasonal Homestead

**[s138]** - https://www.thespruce.com/what-is-french-intensive-gardening-5184736
**Autor:** Nadia Hassani **Título:** What Is French Intensive Gardening? The 6 Principles of This CenturiesOld RaisedBed Method
**por:** The Spruce **Data de lançamento:** 072623
**Site:** The Spruce **Editora:** Dotdash Meredith

**[s139]** - https://www.smilinggardener.com/organic-gardening-advice/vegetable-garden-layout/
**Título:** Vegetable Garden Layout Rows Square Foot Or Wild? **por:** Smiling Gardener
**Site:** Smiling Gardener

**[s140]** - https://www.hugelkultur.com.au/intensive-high-density-planting/
**Autor:** Tyswan **Título:** Intensive highdensity planting
**Data de lançamento:** October 10 2016 **Site:** Hugelkultur

**[s141]** - https://lawnlove.com/blog/vegetable-garden-ideas/
**Autor:** Sinziana Spiridon **Título:** 16 Vegetable Garden Ideas for Your Backyard
**por:** Lawn Love **Data de lançamento:** November 15 2024
**Site:** Lawn Love

**[s142]** - https://lilliehouse.blogspot.com/2018/05/french-intensive-methods-for.html
**Título:** French Intensive Methods for P ermaculture **por:** Lillie House
**Data de lançamento:** 20180515 **Site:** Lillie House Permaculture

**[s143]** - https://foodprint.org/blog/gardening-method/
**Autor:** Kristen Link **Título:** Which Gardening Method is Right for Your Home Garden?
**por:** FoodPrint **Data de lançamento:** 31723
**Site:** FoodPrint **Editora:** GRACE Communications Foundation

**[s144]** - https://www.urbanvine.co/blog/the-ultimate-guide-to-indoor-urban-farming-for-beginners?5416ab99_page=23
**Título:** The Ultimate 7 Step Guide To Indoor Growing **por:** Urban Vine Co
**Site:** Urban Vine

**[s145]** - https://www.udc.edu/causes/land-grant/center-for-urban-agriculture-gardening-education/
**Título:** Center for Urban Agriculture Gardening Education **por:** University of the District of Columbia
**Site:** University of the District of Columbia

**[s146]** - https://agrotonomy.com/hydroponic-strawberry-urban-farming/
**Autor:** Agrotonomy **Título:** Hydroponic Strawberry Urban Fa rming
**Data de lançamento:** 20211014 **Site:** Agrotonomy

**[s147]** - https://www.helpfulgardener.com/forum/viewtopic.php?t=55536
**Título:** How Close to Plant When Companion Planting? **por:** Helpful Gardener
**Data de lançamento:** 20131110 **Site:** Helpful Gardener Forum

**[s148]** - https://thepeasantsdaughter.net/how-to-grow-corn-in-raised-bed/
**Autor:** Jana Dziak **Título:** How To Grow Corn In A Raised Bed Maximum Yields
**Data de lançamento:** 20230325 **Site:** The Peasants Daughter

**[s149]** - https://www.thespruce.com/what-is-french-intensive-gardening-5184736
**Autor:** Nadia Hassani **Título:** What Is French Intensive Gardening? The 6 Principles of This CenturiesOld RaisedBed Method
**por:** The Spruce **Data de lançamento:** 072623
**Site:** The Spruce **Editora:** Dotdash Meredith

**[s150]** - http://livinglowinthelou.blogspot.com/2012/01/sustainable-gardening-john-jeavons.html
**Autor:** Claire L Schosser **Título:** Sustainable gardening: John Jeavons biointensive method
**Data de lançamento:** 20120119 **Site:** Living Low in the Lou

**[s151]** - https://www.gardendesk.com/2008/06/intercropping-and-succession-planting---keys-to-square-foot-gardening.html
**Título:** Intercropping and Succession Planting Keys to Square Foot Gardening **por:** GardenDesk
**Data de lançamento:** June 16 2008 **Site:** GardenDesk

**[s152]** - https://lilliehouse.blogspot.com/2018/05/french-intensive-methods-for.html
**Título:** French Intensive Methods for P ermaculture **por:** Lillie House
**Data de lançamento:** 20180515 **Site:** Lillie House Permaculture

**[s153]** - https://lanastenner.com/gardening-and-faith/
**Autor:** Lana Stenner **Título:** What Gardening Can Teach Us About Faith
**por:** GraceFilled Homestead **Site:** Lana Stenner

**[s154]** - https://www.portlandediblegardens.com/blog/succession-planting-how-to-plan-for-plenty
**Autor:** Ian Wilson
**Título:** Succession Planting: How to Plan for Plenty
**por:** Portland Edible Gardens LLC
**Data de lançamento:** March 12 2015
**Site:** Portland Edible Gardens

**[s155]** - https://www.uaex.uada.edu/yard-garden/vegetables/a-z/plan.aspx
**Título:** Planning a Vegetable Garden in Arkansas
**por:** University of Arkansas Division of Agriculture
**Site:** UAEX

**[s156]** - https://www.kellogggarden.com/Raised-Bed-Gardening-Guide.pdf
**Título:** Raised Bed Gardening Guide
**por:** Kellogg Garden Products
**Data de lançamento:** February 2016
**Site:** Kellogg Garden

**[s157]** - https://gardensthatmatter.com/do-peas-need-a-trellis/
**Autor:** Amy
**Título:** Do Peas Need a Trellis?
**por:** Gardens That Matter
**Site:** Gardens That Matter

**[s158]** - https://askthefoodgeek.com/growing-butternut-squash-on-a-trellis/
**Autor:** Veronica T
**Título:** Growing butternut squash on a trellis
**Data de lançamento:** Apr 4 2024
**Site:** Ask the Food Geek

**[s159]** - https://www.rileysgarden.com/lessons-learned/how-to-grow-zucchini-vertically
**Autor:** Riley Maguire
**Título:** How to Grow Zucchini or Any Su mmer Squash Vertically
**por:** Rileys Garden
**Data de lançamento:** Jun 22
**Site:** Rileys Garden

**[s160]** - https://edis.ifas.ufl.edu/publication/EP629
**Autor:** Tina McIntyre Rachel Gutner Ha mutahl Cohen Tiare Silvasy Esen Momol
**Título:** A FloridaFriendly Landscaping Approach to Pest Management in Your Edible Landscape
**por:** University of Florida
**Site:** University of Florida IFAS Extension

**[s161]** - https://www.themothercooker.com/blog/beneficial-insects-amp-how-to-attract-them
**Autor:** Gemma Morson
**Título:** Beneficial Insects How to Attract Them
**Data de lançamento:** November 28 2021
**Site:** The Mother Cooker

**[s162]** - https://www.lewisginter.org/companion-planting-insects/
**Autor:** Robin Thady
**Título:** Companion Planting to Support Beneficial Insects at Lewis Ginter
**por:** Lewis Ginter Botanical Garden
**Data de lançamento:** August 13 2019
**Site:** Lewis Ginter Botanical Garden

**[s163]** - https://eorganic.org/pages/18573/farmscaping:-making-use-of-natures-pest-management-services
**Autor:** Geoff Zehnder
**Título:** Farmscaping: Making Use of Natures Pest Management Services
**por:** Clemson University
**Data de lançamento:** January 21 2009
**Site:** eOrganic

**[s164]** - https://lilliehouse.blogspot.com/2017/10/fall-clean-up-vs-chop-drop-mulch-and.html
**Título:** Fall clean up VS chop drop mulch and wildlife habitat
**por:** Lillie House Permaculture
**Data de lançamento:** 20171004
**Site:** Lillie House

**[s165]** - https://piedmontmastergardeners.org/article/magical-repelling-powers-of-marigolds-myth-or-fact/
**Autor:** Cleve Campbell
**Título:** Magical Repelling Powers of Ma rigolds Myth or Fact?
**por:** Piedmont Master Gardeners
**Data de lançamento:** December 2017
**Site:** Piedmont Master Gardeners

**[s166]** - https://www.smilinggardener.com/organic-pest-control/how-not-to-control-pests/
**Autor:** Phil
**Título:** How NOT To Control Pests In An Organic Garden
**por:** Smiling Gardener
**Site:** Smiling Gardener

**[s167]** - https://extension.colostate.edu/docs/pubs/garden/xcm221.pdf
**Autor:** R Waskom T Bauder E Wardle
**Título:** Alternative Pesticide Management for the Lawn and Garden
**por:** Colorado State University Extension
**Data de lançamento:** 2018
**Site:** extensioncolostateedu
**Editora:** Colorado State University Extension

**[s168]** - https://www.christinehlee.com/korean-natural-farming-lab/
**Autor:** Christine H Lee
**Título:** Korean Natural Farming: LAB
**Data de lançamento:** February 27 2018
**Site:** christinehleecom

**[s169]** - https://thelovenlife.com/lessons-from-my-garden/
**Autor:** J
**Título:** Lessons From My Garden
**por:** LOven Life
**Data de lançamento:** August 13 2016
**Site:** The LOven Life

**[s170]** - https://www.smilinggardener.com/organic-pest-control/how-not-to-control-pests/
**Autor:** Phil
**Título:** How NOT To Control Pests In An Organic Garden
**por:** Smiling Gardener
**Site:** Smiling Gardener

**[s171]** - https://fruitfulfoodforestry.com/?p=5874
**Autor:** Lauren Lynch
**Título:** Proven Natural Methods to Zap Pest Invasions and Protect Your Harvest
**por:** Fruitful Food Forestry
**Data de lançamento:** June 17 2024
**Site:** Fruitful Food Forestry

**[s172]** - https://www.gardenmyths.com/companion-planting-truth-myth/
**Autor:** Robert Pavlis
**Título:** Companion Planting: Truth or Myth?
**por:** Garden Myths
**Site:** Garden Myths

**[s173]** - https://www.smilinggardener.com/organic-vegetable-gardening/companion-planting-chart/
**Título:** Companion Planting Chart Garden With Companion Plants
**por:** Smiling Gardener
**Site:** Smiling Gardener

**[s174]** - https://masterofhort.com/2014/06/gardening-in-succession-and-companion-planting-by-mackenzie-kupfer/
**Autor:** Mackenzie Kupfer
**Título:** Gardening in Succession and Co mpanion Planting
**por:** Avant Garden Decor
**Data de lançamento:** June 25 2014
**Site:** Master of Horticulture

**[s175]** - https://ag.umass.edu/home-lawn-garden/fact-sheets/companion-planting-in-vegetable-garden
**Título:** Companion Planting in the Vegetable Garden
**por:** University of Massachusetts Amherst
**Data de lançamento:** July 2012
**Site:** UMass Center for Agriculture Food and the Environment

**[s176]** - https://piedmontmastergardeners.org/article/magical-repelling-powers-of-marigolds-myth-or-fact/
**Autor:** Cleve Campbell
**Título:** Magical Repelling Powers of Ma rigolds Myth or Fact?
**por:** Piedmont Master Gardeners
**Data de lançamento:** December 2017
**Site:** Piedmont Master Gardeners

**[s177]** - https://www.lewisginter.org/companion-planting-insects/
**Autor:** Robin Thady
**Título:** Companion Planting to Support Beneficial Insects at Lewis Ginter
**por:** Lewis Ginter Botanical Garden
**Data de lançamento:** August 13 2019
**Site:** Lewis Ginter Botanical Garden

**[s178]** - https://portal.ct.gov/caes/fact-sheets/entomology/approaches-to-the-biological-control-of-insect-pests
**Autor:** Kimberly Stoner
**Título:** Approaches to the Biological Control of Insect Pests
**por:** Connecticut Agricultural Experiment Station
**Site:** Connecticuts Official State Website

**[s179]** - https://npic.orst.edu/envir/beneficial/index.html
**Título:** Beneficial Insects
**por:** Oregon State University
**Data de lançamento:** November 05 2024
**Site:** NPIC

**[s180]** - https://journeywithjill.net/gardening/2018/06/19/managing-insects-in-the-home-vegetable-garden/
**Autor:** Jill
**Título:** Managing Insects in the Home V egetable Garden
**por:** Journey with Jill LLC
**Data de lançamento:** 20180619
**Site:** journeywithjillnet

**[s181]** - https://www.sustainablemarketfarming.com/tag/flowers-to-attract-beneficial-insects/
**Autor:** Pam Dawling
**Título:** Favorite posts of 2023: soil winter garlic melons beans aphids
**Data de lançamento:** January 10 2024
**Site:** Sustainable Market Farming

**[s182]** - https://fullcirclefarm.blog/2022/04/21/how-to-get-free-beneficial-insects-conservational-biocontrol/
**Autor:** David Spencer
**Título:** How To Get Free Beneficial Insects: Conservational BioControl
**por:** Applied BioNomics Ltd
**Data de lançamento:** April 21 2022
**Site:** Full Circle Farm

**[s183]** - https://www.organicplantnursery.co.uk/blogs/the_sustainable_gardener/organic-gardening-pest-control-solutions-for-gardeners-of-an-organic-flowerbed-or-vegetable-patch
**Autor:** Samuel Frings
**Título:** Organic Gardening Pest Control: Solutions for Gardeners of an Organic Flowerbed or Vegetable Patch
**por:** Organic Plant Nursery
**Data de lançamento:** 20240106
**Site:** Organic Plant Nursery
**Editora:** Organic Plant Nursery

**[s184]** - https://hort.extension.wisc.edu/articles/general-approaches-to-insect-control/
**Título:** General Approaches to Insect Control
**por:** University of WisconsinMadison Division of Extension
**Site:** Wisconsin Horticulture

**[s185]** - https://cactilandscape.com/information/organic-pest-control/
**Autor:** Nathan Utter
**Título:** Organic Pest Control: Is It Better?
**por:** Cacti Landscapes
**Data de lançamento:** 14 February 2024
**Site:** Cacti Landscape

**[s186]** - https://www.sustainablemarketfarming.com/tag/heat-tolerant-eggplant-varieties/
**Autor:** Pam Dawling
**Título:** More thoughts about eggplant v arieties
**Data de lançamento:** October 9 2024
**Site:** Sustainable Market Farming

**[s187]** - https://marylandgrows.umd.edu/tag/disease-resistant-plants/
**Autor:** Erica Smith Annette Cormany
**Título:** DiseaseResistant Vegetables and How to Find Them
**por:** University of Maryland Extension
**Data de lançamento:** November 1 2024
**Site:** Maryland Grows

**[s188]** - https://marysveggiegarden.wordpress.com/2015/02/09/tomato-crimson-carmello/
**Autor:** marysveggiegarden
**Título:** Tomato: Crimson Carmello
**Data de lançamento:** February 9 2015
**Site:** Marys Veggie Garden

**[s189]** - https://harmonyinthegarden.com/2014/06/mixing-edibles-with-ornamentals/
**Autor:** Rebecca Sweet
**Título:** Mixing Edibles with Ornamentals
**por:** Harmony in the Garden
**Data de lançamento:** June 2014
**Site:** Harmony in the Garden

**[s190]** - https://plantersplace.com/pest-patrol/choose-disease-resistant-vegetable-varieties-for-an-easy-summer/
**Autor:** Amy Grisak
**Título:** Choose DiseaseResistant Vegetable Varieties for an Easy Summer
**por:** Planters Place
**Site:** Planters Place

**[s191]** - http://www.soflagardening.com/winter-vegetables/
**Título:** Winter Wonderland of Vegetables
**por:** South Florida Gardening
**Site:** soflagardeningcom

**[s192]** - https://www.new-terra-natural-food.com/high-income-crops.html
**Título:** High Income Crops for the Market Gardener or Ambitious Backyard Grower
**por:** New Terra Natural Food
**Site:** New Terra Natural Food

**[s193]** - https://www.helpfulgardener.com/vegetables/how-to-grow-herbs/
**Título:** How to Grow Herbs
**por:** Helpful Gardener
**Site:** HelpfulGardenercom

**[s194]** - https://medium.com/@rw758900/creating-a-beautiful-herb-garden-59ae6924a331
**Autor:** Rachel Woodruff
**Título:** Creating a Beautiful Herb Garden
**Data de lançamento:** Feb 26 2024
**Site:** Medium

**[s195]** - https://www.cindyheathwrites.com/lets-eat/a-new-texas-community-garden
**Autor:** Cindy Heath
**Título:** A New Texas Community Garden
**Data de lançamento:** May 19
**Site:** cindyheathwritescom

**[s196]** - https://www.permaculturewomen.com/self-seeding-plants/
**Autor:** Diana Sette
**Título:** SelfSeeding Plants in the Garden
**por:** Permaculture Women Magazine
**Data de lançamento:** November 2016
**Site:** Permaculture Women

**[s197]** - https://www.abc.net.au/gardening/how-to/starting-from-seed/9436976
**Autor:** Tino Carnevale **Título:** Starting From Seed
**por:** ABC **Data de lançamento:** 20150904
**Site:** ABC Gardening Australia **Editora:** ABC

**[s198]** - https://gardenbasics.substack.com/p/more-pepper-seed-germination-tips
**Autor:** Farmer Fred Hoffman **Título:** More Pepper Seed Germination Tips
**por:** Beyond The Garden Basics with Farmer Fred **Data de lançamento:** 20240217
**Site:** Garden Basics **Editora:** Beyond The Garden Basics with Farmer Fred

**[s199]** - https://microgreens101.com/
**Título:** How to grow microgreens at home The beginners guide **por:** Microgreens101com
**Site:** microgreens101com

**[s200]** - https://abouteating.com/2022/04/21/growing-bible-microgreens/
**Autor:** Rita Heikenfeld **Título:** Growing Bible Microgreens
**Data de lançamento:** April 21 2022 **Site:** About Eating

**[s201]** - https://sowrightseeds.com/blogs/planters-library
**por:** Sow Right Seeds **Site:** Sow Right Seeds

**[s202]** - https://trueleafmarket.com/collections/micro-green-kits
**Título:** Microgreen Growing Kits **por:** True Leaf Market
**Site:** True Leaf Market

**[s203]** - https://www.fallcreeknursery.com/home-gardeners/how-to-grow
**Título:** How to Grow Blueberries **por:** Fall Creek
**Site:** Fall Creek Nursery

**[s204]** - https://reluctantentertainer.com/how-to-plant-seascape-strawberries/
**Autor:** Sandy **Título:** How to Plant Seascape Strawberries
**por:** Reluctant Entertainer **Data de lançamento:** Mar 21 2012 updated Feb 22 2014
**Site:** reluctantentertainercom

**[s205]** - https://missinghenrymitchell.com/2014/05/19/growing-unusual-fruit-lingonberries/
**Autor:** missinghenrymitchell **Título:** Growing unusual fruit: Lingonberries
**Data de lançamento:** 20140519 **Site:** Missing Henry Mitchell

**[s206]** - https://www.theseasonalhomestead.com/when-to-plant-vegetables-in-zone-6/
**Autor:** Becky **Título:** When to Plant Vegetables in Zone 6
**por:** The Seasonal Homestead **Data de lançamento:** December 12 2020
**Site:** The Seasonal Homestead

**[s207]** - https://www.portlandediblegardens.com/blog/succession-planting-how-to-plan-for-plenty
**Autor:** Ian Wilson **Título:** Succession Planting: How to Plan for Plenty
**por:** Portland Edible Gardens LLC **Data de lançamento:** March 12 2015
**Site:** Portland Edible Gardens

**[s208]** - https://www.burpeehomegardens.com/blog/2020/01/01/gardener-of-the-month-january-2020.html?printerfriendly=true
**Autor:** Burpee Edible Gardening Team Members **Título:** Gardener of the Month: January 2020
**por:** Burpee Home Gardens **Data de lançamento:** 20200101
**Site:** Burpee Home Gardens

**[s209]** - https://www.new-terra-natural-food.com/high-income-crops.html
**Título:** High Income Crops for the Market Gardener or Ambitious Backyard Grower **por:** New Terra Natural Food
**Site:** New Terra Natural Food

**[s210]** - https://www.ediblebackyard.co.nz/how-and-when-to-harvest-garlic/
**Autor:** Kath Irvine **Título:** How and When to Harvest Garlic
**por:** Edible Backyard **Data de lançamento:** October 13 2022
**Site:** Edible Backyard

**[s211]** - https://campusagriculture.wordpress.com/2013/06/15/june-13th-garden-work-day-planting-med-sci-and-how-to-harvest-radishes-turnips-and-lettuce/
**Autor:** Nicole Beuglet **Título:** June 13th Garden Work Day: Planting Med Sci and How to Harvest: Radishes Turnips and Lettuce
**Data de lançamento:** June 15 2013 **Site:** Campus Agriculture

**[s212]** - https://thepeasantsdaughter.net/back-to-eden-gardening/
**Autor:** Jana Dziak **Título:** Back To Eden Gardening Method Everything You Need To Know
**Data de lançamento:** 20230702 **Site:** The Peasants Daughter

**[s213]** - https://thelovenlife.com/lessons-from-my-garden/
**Autor:** J **Título:** Lessons From My Garden
**por:** LOven Life **Data de lançamento:** August 13 2016
**Site:** The LOven Life

**[s214]** - https://eorganic.org/pages/18355/approved-chemicals-for-use-in-organic-postharvest-systems
**Autor:** Silva E **Título:** Approved Chemicals for Use in Organic Postharvest Systems
**por:** eOrganic **Data de lançamento:** January 18 2009
**Site:** eOrganic

**[s215]** - https://ag.umass.edu/vegetable/fact-sheets/onions-harvest-curing
**Autor:** John Howell Andrew Cavanagh Ruth Hazzard **Título:** Onions Harvest and Curing
**por:** University of Massachusetts Amherst **Data de lançamento:** January 2013
**Site:** UMass Extension **Editora:** Center for Agriculture Food and the Environment

**[s216]** - https://www.ediblebackyard.co.nz/how-and-when-to-harvest-garlic/
**Autor:** Kath Irvine **Título:** How and When to Harvest Garlic
**por:** Edible Backyard **Data de lançamento:** October 13 2022
**Site:** Edible Backyard

**[s217]** - https://extension.unr.edu/publication.aspx?PubID=4103
**Autor:** Walia M **Título:** Basics of Crop Management
**por:** University of Nevada Reno Extension **Data de lançamento:** 2021
**Site:** University of Nevada Reno Extension **Editora:** University of Nevada Cooperative Extension

**[s218]** - http://gardenerscott.blogspot.com/2011/03/extending-your-growing-season-with-mini.html
**Autor:** Scott Wilson **Título:** Extending Your Growing Season with Mini Greenhouses
**por:** GardenerScott **Data de lançamento:** 20110302
**Site:** GardenerScott

**[s219]** - https://content.ces.ncsu.edu/extension-gardener-handbook/appendix-e-season-extenders-and-greenhouses
**Título:** Appendix E Season Extenders and Greenhouses **por:** NC Cooperative Extension
**Data de lançamento:** Dec 19 2024 **Site:** NC State Extension

**[s220]** - https://squashandawe.com/tag/zero-waste/
**Título:** Squash Rich Soil Poor **por:** Squash and Awe
**Data de lançamento:** April 22 2016 **Site:** squashandawecom

**[s221]** - https://the-compulsive-gardener.com/2021/03/30/protecting-shrubs-trees-gophers/
**Autor:** lisa the ardent gardener **Título:** Protecting Shrubs and Trees from Gophers
**por:** The Compulsive Gardener **Data de lançamento:** March 30 2021
**Site:** The Compulsive Gardener

**[s222]** - https://fullcirclefarm.blog/2021/03/16/how-to-attract-beneficial-insects-to-your-garden-lesson-4-compost-patience-and-thresholds/
**Autor:** David Spencer **Título:** How to Attract Beneficial Insects to Your Garden: Lesson 4 Compost pa tience and thresholds
**por:** Applied BioNomics Ltd **Data de lançamento:** 20210316
**Site:** Full Circle Farm

**[s223]** - https://www.quillhavenfarm.com/p/cover-crops-in-the-homestead-garden
**Autor:** Quinn **Título:** Cover Crops in the Homestead G arden
**por:** Plow in Hope **Data de lançamento:** 20230420
**Site:** Quill Haven Farm **Editora:** Plow in Hope

**[s224]** - https://www.allrecipes.com/article/how-to-trim-herbs/
**Autor:** David McCann
**Título:** How to Trim Your Herbs and Why You Need To
**por:** Allrecipes
**Data de lançamento:** June 8 2021
**Site:** Allrecipes

**[s225]** - https://a1garage.com/garage-gardening-the-ultimate-guide-to-growing-vegetables-indoors/
**Título:** Garage Gardening: The Ultimate Guide to Growing Vegetables Indoors
**por:** A1 Garage
**Data de lançamento:** September 10 2024
**Site:** A1 Garage

**[s226]** - https://ag.umass.edu/greenhouse-floriculture/fact-sheets/growing-garden-mums-for-fall-sales
**Título:** Growing Garden Mums for Fall Sales
**por:** University of Massachusetts Amherst
**Site:** UMass Extension Greenhouse Crops and Floriculture Program

**[s227]** - https://rutherford.tennessee.edu/wp-content/uploads/sites/200/2022/05/D70-Root-Crops-for-the-TN-Vegetable-Garden.pdf
**Autor:** Natalie Bumgarner
**Título:** Root Crops for the Tennessee V egetable Garden
**por:** University of Tennessee Institute of Agriculture
**Data de lançamento:** March 2019
**Site:** AGTENNESSEEEDU

**[s228]** - https://jobescompany.com/when-plants-go-dormant-how-hibernating-helps-them-survive/
**Título:** When Plants Go Dormant: How Hi bernating Helps Them Survive
**por:** Jobes Company
**Data de lançamento:** 20181221
**Site:** Jobes Company

**[s229]** - https://ohioline.osu.edu/factsheet/hyg-1605
**Autor:** Erika Lyon
**Título:** Growing Broccoli in the Home G arden
**por:** Ohio State University Extension
**Data de lançamento:** 10102017
**Site:** Ohioline
**Editora:** The Ohio State University

**[s230]** - https://rutherford.tennessee.edu/wp-content/uploads/sites/200/2022/05/D143-Okra-for-the-TN-Vegetable-Garden.pdf
**Autor:** Natalie Bumgarner
**Título:** Okra for the Tennessee Vegetable Garden
**por:** University of Tennessee Institute of Agriculture
**Data de lançamento:** March 2021
**Site:** UTIATENNESSEEEDU

**[s231]** - https://hgic.clemson.edu/factsheet/okra/
**Título:** Okra
**por:** Clemson University
**Data de lançamento:** 20230124
**Site:** HGIC Clemson
**Editora:** Clemson Extension

**[s232]** - https://www.epa.gov/mold/brief-guide-mold-moisture-and-your-home
**Título:** A Brief Guide to Mold Moisture and Your Home
**por:** United States Environmental Pr otection Agency EPA
**Site:** EPA

**[s233]** - https://threedogsinagarden.blogspot.com/2017/12/solving-mystery-of-cyclamen-care.html
**Autor:** Jennifer Connell
**Título:** Solving the Mystery of Cyclamen Care
**Data de lançamento:** 20171229
**Site:** Three Dogs in a Garden

**[s234]** - https://extension.umaine.edu/gardening/2020/07/20/what-to-do-with-your-harvest/
**Título:** What to Do With Your Harvest
**por:** University of Maine Cooperative Extension
**Data de lançamento:** July 20 2020
**Site:** extensionumaineedu

**[s235]** - http://livinglandpermaculture.com/2020/11/16/food-preservation-freezing/
**Autor:** Amy Antonucci
**Título:** Food Preservation: Freezing
**por:** Living Land Permaculture
**Data de lançamento:** November 16 2020
**Site:** Living Land Permaculture

**[s236]** - https://kellogggarden.com/blog/gardening/fruits-veggie-gardening/canning-methods-preserve-your-harvest/
**Autor:** Robin Plaskoff Horton
**Título:** Canning Methods to Preserve Your Harvest
**por:** Kellogg Garden Organics
**Data de lançamento:** 20171017
**Site:** Kellogg Garden Products
**Editora:** Kellogg Garden Organics

**[s237]** - https://forum.spyderco.com/viewtopic.php?t=76074
**Autor:** Doc Dan ThePeacent SpyderEdgeF orever JD Spydo standy99 TomAiello SolidState demoncase Midnightrider
**Título:** Spices that keep bugs away
**por:** Spyderco
**Data de lançamento:** Thu Oct 05 2017
**Site:** Spyderco Forums

**[s238]** - https://www.growveg.co.uk/guides/how-to-prevent-slug-eaten-potatoes/
**Autor:** Ann Marie Hendry
**Título:** How to Prevent SlugEaten Potatoes
**por:** GrowVeg
**Data de lançamento:** 6 September 2019
**Site:** GrowVeg

**[s239]** - https://www.growveg.com/guides/how-to-prevent-slug-eaten-potatoes/
**Autor:** Ann Marie Hendry
**Título:** How to Prevent SlugEaten Potatoes
**por:** Growing Interactive Ltd
**Data de lançamento:** 6 September 2019
**Site:** GrowVeg

**[s240]** - https://ldh.la.gov/assets/oph/Center-EH/envepi/Pest/Documents/Mothball_Fact_Sheet.pdf
**Título:** What You Should Know About Mot hballs
**por:** Louisiana Department of Health
**Site:** Louisiana Department of Health

**[s241]** - https://hgic.clemson.edu/factsheet/preserving-foods/
**Autor:** Adair P Hoover
**Título:** Preserving Foods
**por:** Clemson University
**Data de lançamento:** January 28 2020
**Site:** HGIC Clemson

**[s242]** - https://ohioline.osu.edu/factsheet/HYG-5333
**Autor:** Sharon L Mader
**Título:** Food Preservation: Freezing Ve getables
**por:** Ohio State University Extension
**Data de lançamento:** 05282015
**Site:** Ohioline
**Editora:** Ohio State University

**[s243]** - https://denvergardeners.wordpress.com/2021/08/08/the-fun-begins-harvesting-and-preserving-garden-fresh-ve getables/
**Autor:** Lois Margolin
**Título:** The Fun Begins: Harvesting and Preserving Garden Fresh Vegetables
**por:** CSU Denver Extension
**Data de lançamento:** August 8 2021
**Site:** Denver Gardeners

**[s244]** - https://www.nal.usda.gov/exhibits/ipd/canning/
**Título:** How Did We Can? The Evolution of Home Canning Practices
**por:** US Department of Agriculture
**Site:** National Agricultural Library

**[s245]** - https://ianrnews.unl.edu/plan-ahead-preserve-garden-harvest-spring-planning-preparations-fall-food-preservat ion
**Autor:** Brittany Fulton
**Título:** Plan ahead to preserve garden harvest Spring planning preparations for fall food preservation
**por:** Nebraska Extension
**Data de lançamento:** May 9 2022
**Site:** IANR News
**Editora:** University of NebraskaLincoln

**[s246]** - https://food.unl.edu/food-preservation/
**Título:** Food Preservation
**por:** University of NebraskaLincoln
**Site:** UNL Food

**[s247]** - https://www.goodreads.com/book/show/823761.Preserving_Food_without_Freezing_or_Canning
**Autor:** Deborah Madison
**Título:** Preserving Food without Freezing or Canning: Traditional Techniques Us ing Salt Oil Sugar Alcohol Vinegar Drying Cold Storage and Lactic Ferm entation
**por:** Centre Terre Vivante
**Data de lançamento:** September 1 1999
**Site:** Goodreads

**[s248]** - https://polyfacefarms.com/blog/planting-seeds
**Autor:** Melissa Barth
**Título:** Planting Seeds
**por:** Polyface Farms
**Data de lançamento:** March 14 2024
**Site:** Polyface Farms

**[s249]** - https://myshetlandgarden.com/tag/grow15in15/
**Autor:** misahay
**Título:** grow15in15 challenge
**Data de lançamento:** 20150125
**Site:** My Shetland Garden

**[s250]** - https://kellogggarden.com/blog/gardening/fruits-veggie-gardening/fun-foods-to-ferment/
**Autor:** kellogggarden
**Título:** Fun Foods to Ferment
**por:** Kellogg Garden Organics
**Data de lançamento:** 20190710
**Site:** Kellogg Garden Products
**Editora:** Kellogg Garden Organics

**[s251]** - https://www.christinehlee.com/korean-natural-farming-lab/
**Autor:** Christine H Lee
**Título:** Korean Natural Farming: LAB
**Data de lançamento:** February 27 2018
**Site:** christinehleecom

**[s252]** - https://www.wildfermentationforum.com/viewtopic.php?f=7&t=3654
**Autor:** Tim Hall
**Título:** Debunking the Botulism Fear
**Data de lançamento:** 20121025
**Site:** Wild Fermentation Forum

**[s253]** - https://suburbanhobbyfarmer.com/fermenting-tomato-seeds/
**Autor:** Bill Brikiatis
**Título:** Fermenting Tomato Seeds
**por:** Suburban Hobby Farmer
**Data de lançamento:** March 19 2020
**Site:** Suburban Hobby Farmer

**[s254]** - http://fermentationpodcast.com/compost-fermentation-building-soil-nutrients/
**Autor:** Paul Bates
**Título:** Compost Fermentation Building Soil Nutrients
**por:** The Fermentation Podcast
**Data de lançamento:** 20141104
**Site:** Fermentation Podcast

**[s255]** - http://livinglandpermaculture.com/2021/01/09/food-preservation-lacto-fermenting/
**Autor:** Amy Antonucci
**Título:** Food Preservation: Lactofermenting
**por:** Living Land Permaculture
**Data de lançamento:** 20210109
**Site:** Living Land Permaculture

**[s256]** - https://extension.umaine.edu/gardening/2020/07/20/what-to-do-with-your-harvest/
**Título:** What to Do With Your Harvest
**por:** University of Maine Cooperative Extension
**Data de lançamento:** July 20 2020
**Site:** University of Maine Extension

**[s257]** - https://www.allrecipes.com/article/how-to-trim-herbs/
**Autor:** David McCann
**Título:** How to Trim Your Herbs and Why You Need To
**por:** Allrecipes
**Data de lançamento:** June 8 2021
**Site:** Allrecipes

**[s258]** - https://cultivatingroots.co/start-growing-where-you-are/
**Autor:** Abby
**Título:** Start Growing Where You Are
**por:** Cultivating Roots
**Data de lançamento:** 2023
**Site:** Cultivating Roots

**[s259]** - https://waddleandcluck.com/basic-food-preservation-techniques/
**Autor:** Lindsey Chastain
**Título:** Basic Food Preservation Techniques: A Guide for Beginners
**por:** The Waddle and Cluck
**Data de lançamento:** September 22 2023
**Site:** waddleandcluckcom

**[s260]** - https://practicalselfreliance.com/canning-asparagus/
**Autor:** Ashley Adamant
**Título:** Canning Asparagus
**por:** Practical Self Reliance
**Data de lançamento:** May 28 2019
**Site:** Practical Self Reliance

**[s261]** - https://www.theseasonalhomestead.com/canning-recipes-that-actually-taste-good/
**Autor:** Becky
**Título:** Canning Recipes that Actually Taste Good
**Data de lançamento:** May 15 2021
**Site:** The Seasonal Homestead

**[s262]** - https://alaskaknitnat.com/2015/09/16/harvesting-anchorage-pickling-and-canning-beets/
**Autor:** Ashley Taborsky
**Título:** Harvesting Anchorage: Pickling and Canning Beets
**por:** Alaska Urban Soil Project
**Data de lançamento:** September 16 2015
**Site:** Alaska Knit Nat

**[s263]** - https://web.uri.edu/foodsafety/food-safety-hazards/

| | | | |
|---|---|---|---|
| **Título:** | Food Safety Hazards | **por:** | University of Rhode Island |
| **Data de lançamento:** | 20120530 | **Site:** | University of Rhode Island |
| **Editora:** | Cooperative Extension Food Safety Education | | |

**[s264]** - https://ohioline.osu.edu/factsheet/hyg-1153

| | | | |
|---|---|---|---|
| **Autor:** | Sanja Ilic PhD Melanie Lewis Ivey PhD | **Título:** | Food Safety in Gardens |
| **por:** | The Ohio State University | **Data de lançamento:** | 01122017 |
| **Site:** | Ohioline | **Editora:** | Ohio State University Extension |

**[s265]** - https://www.udel.edu/content/dam/udelImages/canr/pdfs/extension/environmental-stewardship/UCD_Food_Safety_Tips_for_Edible_Home_Garden_(2).pdf

| | | | |
|---|---|---|---|
| **Autor:** | Trevor V Suslow Linda J Harris | **Título:** | Food Safety Tips for Your Edible Home Garden |
| **por:** | University of California Davis | **Data de lançamento:** | October 2007 |
| **Site:** | University of California Davis | | |

**[s266]** - https://www.anfponline.org/docs/default-source/events/2019/hotel/handouts/long-term-care-garden-policy.pdf

| | | | |
|---|---|---|---|
| **Título:** | LongTerm Care Facility Garden Policy | **por:** | Centers for Medicare Medicaid Services CMS and the Food and Drug Administration FDA |
| **Data de lançamento:** | 2019 | **Site:** | anfponlineorg |

**[s267]** - https://extension.unr.edu/publication.aspx?PubID=3028

| | | | |
|---|---|---|---|
| **Autor:** | Saliga III R and Skelly J | **Título:** | Using Chicken Manure Safely in Home Gardens and Landscapes |
| **por:** | University of Nevada Cooperative Extension | **Data de lançamento:** | 2013 |
| **Site:** | University of Nevada Reno Extension | | |

**[s268]** - https://foodsafety.uconn.edu/farmers-growers/

| | | | |
|---|---|---|---|
| **Autor:** | Indu Upadhyaya DVM MVSc PhD | **Título:** | Farmers Growers |
| **por:** | University of Connecticut | **Site:** | UConn Food Safety |

# Fontes de imagem

### Informação sobre todas as imagens seguintes

Nenhuma das imagens foi modificada, apenas a resolução foi ajustada.
Todas as imagens mantêm sua licença original.
Apesar de uma revisão cuidadosa, a precisão e atribuição das imagens não podem ser garantidas.
Todas as imagens utilizadas foram usadas de acordo com suas respectivas condições de licenciamento.
Na versão eBook, as imagens foram organizadas em colagens numeradas.
Todas as imagens foram recuperadas e verificadas 2025-01-10.

### Licenças utilizadas

| | |
|---|---|
| CC0 | http://creativecommons.org/publicdomain/zero/1.0/deed.en |
| CC BY 2.0 | https://creativecommons.org/licenses/by/2.0 |
| CC BY 4.0 | https://creativecommons.org/licenses/by/4.0 |
| CC BY 3.0 | https://creativecommons.org/licenses/by/3.0 |

### Créditos de imagem

**[i1]** - 001_001_001_image_gartenwerkzeug.jpeg
https://upload.wikimedia.org/wikipedia/commons/d/dc/Tools_for_sale_at_Hmongtown_Markertplace_Saint_Paul_Minnesota.png
**Date:** 20220601 **por:** Pingnova
**License:** CC0 http:creativecommonsorgpublicdomainzero10deeden

**[i2]** - 001_001_001_image_vertikales_gartensystem.jpeg
https://upload.wikimedia.org/wikipedia/commons/d/dc/Vertical_kitchen_garden_%283940244889%29.jpg
**Date:** 20070101 **por:** F
**Artista:** SuSanA Secretariat **License:** CC BY 20 https:creativecommonsorglicensesby20

**[i3]** - 001_001_004_image_tropfbewaesserung.jpeg
https://upload.wikimedia.org/wikipedia/commons/8/87/Drip_emitter.jpg
**Date:** 20071210 **por:** Alanca
**License:** Public domain

**[i4]** - 001_002_004_image_biochar.jpeg
https://upload.wikimedia.org/wikipedia/commons/c/c6/Biochar_pile.jpg
**Date:** 20140507 **por:** Koavf
**Artista:** Oregon Department of Forestry **License:** CC BY 20 https:creativecommonsorglicensesby20

**[i5]** - 001_002_005_image_wildkraeuter.jpeg
https://upload.wikimedia.org/wikipedia/commons/c/cb/Gemeiner_Odermennig_RoscheiderhofH4a.jpg
**Date:** 20200712 **por:** HelgeRieder
**Artista:** Helge Klaus Rieder **License:** CC0 http:creativecommonsorgpublicdomainzero10deeden

**[i6]** - 001_003_001_image_intercropping.jpeg
https://upload.wikimedia.org/wikipedia/commons/b/b9/Katakel-Oignons-Papayes.jpg
**Date:** 20120228 **por:** FlickreviewR
**Artista:** Trees ForTheFuture **License:** CC BY 20 https:creativecommonsorglicensesby20

**[i7]** - 001_003_004_image_handschaufel.jpeg
https://upload.wikimedia.org/wikipedia/commons/7/7d/Trowel_Plant_%28PSF%29.png
**Date:** 20191201 **por:** Encik Tekateki
**Artista:** Pearson Scott Foresman **License:** Public domain

**[i8]** - 001_003_004_image_gartenschere.jpeg
https://upload.wikimedia.org/wikipedia/commons/5/5c/My_trusty_gardening_gloves_%26_secateurs_which_need_a_good_clean_by_the_look_of_them_%288711272274%29.jpg

| | | | |
|---|---|---|---|
| **Date:** | 20130318 | **por:** | PKM |
| **Artista:** | shrinkinviolet | **License:** | CC BY 20 https:creativecommons orglicensesby20 |

**[i9]** - 002_001_001_image_bodenuntersuchung.jpeg
https://upload.wikimedia.org/wikipedia/commons/f/f3/Travis_Collins%2C_the_environmental_officer_with_the_Force_Extraction_Unit_at_Multinational_Base_Tarin_Kowt%2C_takes_a_soil_sample_for_testing_in_Tarin_Kowt%2C_Uruzgan_province%2C_Afghanistan%2C_July_4%2C_2013_130704-O-MD709-024-AU.jpg

| | | | |
|---|---|---|---|
| **Date:** | Taken | **por:** | F |
| **Artista:** | Cpl Mark Doran | **License:** | Public domain |

**[i10]** - 002_001_001_image_notillmethode.jpeg
https://upload.wikimedia.org/wikipedia/commons/a/a9/No-till_farming_system_in_Brookings%2C_Co.%2C_SD_%2813873991983%29.jpg

| | | | |
|---|---|---|---|
| **Date:** | 20130603 | **por:** | Artix Kreiger 2 |
| **Artista:** | USDA NRCS South Dakota | **License:** | Public domain |

**[i11]** - 002_001_004_image_karotten.jpeg
https://upload.wikimedia.org/wikipedia/commons/3/3c/Preparing_and_slicing_carrots.jpg

| | | | |
|---|---|---|---|
| **Date:** | Taken | **por:** | Wcarter |
| **License:** | CC0 http:creativecommonsorgpublicdomainzero10deeden | | |

**[i12]** - 002_001_004_image_rueben.jpeg
https://upload.wikimedia.org/wikipedia/commons/d/d3/Turnip_2622027.jpg

| | | | |
|---|---|---|---|
| **Date:** | 20080629 | **por:** | Barracuda1983 |
| **Artista:** | thebittenwordcom | **License:** | CC BY 20 https:creativecommons orglicensesby20 |

**[i13]** - 002_001_005_image_pikierstab.jpeg
https://upload.wikimedia.org/wikipedia/commons/9/99/The_Pima_Indians_-_pg_97d.png

| | | | |
|---|---|---|---|
| **Date:** | 1908 | **por:** | Sumiaz |
| **Artista:** | Frank Russell | **License:** | Public domain |

**[i14]** - 002_002_004_image_fruehgemuese.jpeg
https://upload.wikimedia.org/wikipedia/commons/7/76/PikiWiki_Israel_9593_Gan-Shmuel_-_in_the_vegetable_garden_1945.jpg

| | | | |
|---|---|---|---|
| **Date:** | circa | **por:** | Pikiwikisrael |
| **Artista:** | | **License:** | Public domain |

**[i15]** - 002_002_004_image_wurzelgemuese.jpeg
https://upload.wikimedia.org/wikipedia/commons/2/26/Root_vegetables_%282944502774%29.jpg

| | | | |
|---|---|---|---|
| **Date:** | 20070819 | **por:** | Josve05a |
| **Artista:** | Alex Lomas | **License:** | CC BY 20 https:creativecommons orglicensesby20 |

**[i16]** - 002_002_005_image_stuetzsysteme.jpeg
https://upload.wikimedia.org/wikipedia/commons/a/ae/Wallflower_%285488755263%29.jpg

| | | | |
|---|---|---|---|
| **Date:** | 20110301 | **por:** | Minihaa |
| **Artista:** | Haldane Martin | **License:** | CC BY 20 https:creativecommons orglicensesby20 |

**[i17]** - 002_003_002_image_plastikabdeckungen.jpeg
https://upload.wikimedia.org/wikipedia/commons/b/b9/Plastic_Laying_Machine_1.jpg

| | | | |
|---|---|---|---|
| **Date:** | 20090514 | **por:** | Flickr upload bot |
| **Artista:** | Dwight Sipler | **License:** | CC BY 20 https:creativecommons orglicensesby20 |

**[i18]** - 002_003_004_image_keller.jpeg
https://upload.wikimedia.org/wikipedia/commons/1/19/CCC_Camp_BR-83_North_Platte_Project%2C_Veteran%2C_Wyoming%2C_%22Experimental_Plots%22%2C_vegetables_stored_in_root_cellar._-_NARA_-_293597.jpg

| | | | |
|---|---|---|---|
| **Date:** | 30 October 1940 styledisplay: none>date QS:P57119401030T00:00:00Z11 | **por:** | US National Archives bot |
| **Artista:** | classfn value> Unknown authorUnknown author or not provided | **License:** | Public domain |

**[i19]** - 002_003_004_image_lagergemuese.jpeg
https://upload.wikimedia.org/wikipedia/commons/c/c1/Miratorg_Vegetable_Storage_05.jpg

| | | | |
|---|---|---|---|
| **Date:** | 20201120 | **por:** | Celest |
| **Artista:** | | **License:** | CC BY 40 https:creativecommons orglicensesby40 |

**[i20]** - 002_003_005_image_nematoden.jpeg
https://upload.wikimedia.org/wikipedia/commons/2/28/Soybean_cyst_nematode_and_egg_SEM.jpg

| | | | |
|---|---|---|---|
| **Date:** | 24 July 2006 | **por:** | Brian0918 |
| **Artista:** | Agricultural Research Service | **License:** | Public domain |

**[i21]** - 003_001_003_image_relay_cropping.jpeg
https://upload.wikimedia.org/wikipedia/commons/d/d5/2006_0503_46_Relay_cropping_with_beans_using_weeds_killed_with_herbicide_as_cover.jpg

| | | | |
|---|---|---|---|
| **Date:** | 20060503 | **por:** | Alandmanson |
| **License:** | CC BY 40 https:creativecommons orglicensesby40 | | |

**[i22]** - 003_002_001_image_marienkaefer.jpeg
https://upload.wikimedia.org/wikipedia/commons/0/06/Ladybird.jpg

| | | | |
|---|---|---|---|
| **Date:** | 20030522 | **por:** | BLueFiSHas |
| **Artista:** | Jon Sullivan PDPDphotoorg | **License:** | Public domain |

**[i23]** - 003_002_001_image_parasitische_wespen.jpeg
https://upload.wikimedia.org/wikipedia/commons/c/c4/Parasitic_wasp.jpg

| | | | |
|---|---|---|---|
| **Date:** | 2003 | **por:** | RedWolf |
| **Artista:** | Scott Bauer for USDA | **License:** | Public domain |

**[i24]** - 003_002_003_image_monokulturen.jpeg
https://upload.wikimedia.org/wikipedia/commons/a/a0/Tractors_in_Potato_Field.jpg

| | | | |
|---|---|---|---|
| **Date:** | 20020629 | **por:** | Ranveig |
| **Artista:** | NightThree | **License:** | CC BY 20 https:creativecommons orglicensesby20 |

**[i25]** - 003_003_004_image_mikrogruen.jpeg
https://upload.wikimedia.org/wikipedia/commons/6/67/Liping_Kou_observes_microgreens.jpg

| | | | |
|---|---|---|---|
| **Date:** | 20211019 | **por:** | Tengwar |
| **Artista:** | Peggy Greb | **License:** | Public domain |

**[i26]** - 003_003_004_image_huelsenfruechte.jpeg
https://upload.wikimedia.org/wikipedia/commons/e/e7/Various_legumes.jpg

| | | | |
|---|---|---|---|
| **Date:** | 20131213 | **por:** | FarnhamJ |
| **Artista:** | Keith Weller Agricultural Research Service USDA | **License:** | Public domain |

**[i27]** - 003_003_005_image_lingonbeeren.jpeg
https://upload.wikimedia.org/wikipedia/commons/f/f1/Vaccinium_vitis-idaea_20060824_003.jpg

| | | | |
|---|---|---|---|
| **Date:** | 20060824 | **por:** | Bergsten |
| **License:** | Public domain | | |

**[i28]** - 003_003_005_image_mulch.jpeg
https://upload.wikimedia.org/wikipedia/commons/3/36/Mulch_for_the_infiltration_trenches_%288073319468%29.jpg

| | | | |
|---|---|---|---|
| **Date:** | 20120619 | **por:** | F |
| **Artista:** | SuSanA Secretariat | **License:** | CC BY 20 https:creativecommons orglicensesby20 |

**[i29]** - 004_001_001_image_erntezeitpunkt.jpeg
https://upload.wikimedia.org/wikipedia/commons/9/9b/Vegetable_Garden_Harvest_%28Unsplash%29.jpg

| | | | |
|---|---|---|---|
| **Date:** | 20161014 | **por:** | F |
| **Artista:** | stayandroam | **License:** | CC0 http:creativecommonsorgpublicdomainzero10deeden |

**[i30]** - 004_001_001_image_konservierung.jpeg
https://upload.wikimedia.org/wikipedia/commons/7/7e/PreservedFood1.jpg

| | | | |
|---|---|---|---|
| **Date:** | 20230321 | **por:** | Ich |
| **License:** | Public domain | | |

**[i31]** - 004_001_003_image_moehren.jpeg
https://upload.wikimedia.org/wikipedia/commons/3/32/Carrots_of_many_colors.jpg

| | | | |
|---|---|---|---|
| **Date:** | 2000s | **por:** | Falcorian |
| **Artista:** | Stephen Ausmus | **License:** | Public domain |

**[i32]** - 004_001_004_image_erntereife.jpeg
https://upload.wikimedia.org/wikipedia/commons/4/44/Cucurbita_2018_G1.jpg

| | | | |
|---|---|---|---|
| **Date:** | 20180901 | **por:** | George Chernilevsky |
| **License:** | Public domain | | |

**[i33]** - 004_002_001_image_lagerraum.jpeg
https://upload.wikimedia.org/wikipedia/commons/d/d4/Cuarto_para_guardar_cosas.jpg

| | | | |
|---|---|---|---|
| **Date:** | 20130102 | **por:** | Wilfredor |
| **License:** | CC0 http:creativecommonsorgpublicdomainzero10deeden | | |

**[i34]** - 004_002_001_image_metallschrank.jpeg
https://upload.wikimedia.org/wikipedia/commons/d/d3/Halberstadt%2C_der_Dom%2C_Domschatz%2C_Metallschrank.jpg

| | | | |
|---|---|---|---|
| **Date:** | 20230205 | **por:** | Dguendel |
| **License:** | CC BY 40 https:creativecommons orglicensesby40 | | |

**[i35]** - 004_002_002_image_dormanz.jpeg
https://upload.wikimedia.org/wikipedia/commons/d/d3/%D0%97%D0%B8%D0%BC%D0%BD%D0%B8%D0%B9_%D0%BF%D0%BE%D0%BA%D0%BE%D0%B9._Winter_dormancy._-_panoramio.jpg

| | | | |
|---|---|---|---|
| **Date:** | Taken | **por:** | Panoramio upload bot |
| **Artista:** | Alex A | **License:** | CC BY 30 https:creativecommons orglicensesby30 |

**[i36]** - 004_002_003_image_luftfeuchtigkeit.jpeg
https://upload.wikimedia.org/wikipedia/commons/5/59/Atmospheric_Moisture_%28NESDIS_2017-09-16%29.png

| | | | |
|---|---|---|---|
| **Date:** | 16 September 2017 | **por:** | OptimusPrimeBot |
| **Artista:** | NOAA | **License:** | Public domain |

**[i37]** - 004_002_004_image_botulismus.jpeg
https://upload.wikimedia.org/wikipedia/commons/5/58/Clostridium_botulinum_01.png

| | | | |
|---|---|---|---|
| **Date:** | 1979 | **por:** | Angusmclellan |
| **Artista:** | Content Providers: CDC | **License:** | Public domain |

**[i38]** - 004_003_002_image_lactobacillus.jpeg
https://upload.wikimedia.org/wikipedia/commons/7/7d/Lactobacillus_sp_01.png

| | | | |
|---|---|---|---|
| **Date:** | 1982 | **por:** | Rasbak |
| **Artista:** | Photo Credit: Janice Carr Content Providerss: CDCDr Mike Miller | **License:** | Public domain |

**[i39]** - 004_003_002_image_phytinsaeure.jpeg
https://upload.wikimedia.org/wikipedia/commons/5/5d/Phytic_acid_molecule_ball.png

| | | | |
|---|---|---|---|
| **Date:** | 20150205 | **por:** | Jynto |
| **License:** | CC0 http:creativecommonsorgpublicdomainzero10deeden | | |

**[i40]** - 004_003_003_image_aetherische_oele.jpeg
https://upload.wikimedia.org/wikipedia/commons/b/ba/RutaGraveolensEssentialOil.png

| | | | |
|---|---|---|---|
| **Date:** | 20090222 | **por:** | Cmdrjameson |
| **Artista:** | Itineranttrader | **License:** | Public domain |

FSC
www.fsc.org
MIX
Papier | Fördert gute Waldnutzung
FSC® C083411

Kolibri 360 GmbH
Ferdinand-Jühlke-Straße 7
99095 Erfurt, Deutschland
produktsicherheit@kolibri360.de